火电机组金属部件
寿命评估与安全性评定

西安热工研究院有限公司 组编

李太江 李益民 田晓 王彩侠 史志刚 张向军 等 编著

U0254284

中国电力出版社
CHINA ELECTRIC POWER PRESS

内容提要

本书根据作者多年来对火电机组金属重要部件寿命评估和安全性评定的研究与实践，简要叙述了金属蠕变、疲劳、断裂力学基本理论，提供了火电机组常用钢的蠕变、疲劳和断裂力学性能，介绍了火电机组高温部件的蠕变寿命评估，汽轮机高中压转子、锅筒的低周疲劳寿命评估和含缺陷部件的断裂力学评定方法，提供了一些部件寿命评估和缺陷安全性评定的案例，以期为火电机组重要部件的寿命评估提供借鉴，为火电机组的安全可靠运行提供技术支持。

本书可供从事火电机组金属材料研究、金属监督、火力发电厂设备运行安全管理的技术人员和相关专业的工程技术人员参考，也可供从事火电机组设计人员、制造者以及高等院校金属材料专业的师生参考。

图书在版编目（CIP）数据

火电机组金属部件寿命评估与安全性评定 / 西安热工研究院有限公司组编；李太江等编著 . -- 北京：中国电力出版社，2024. 11. -- ISBN 978-7-5198-9130-5

Ⅰ . TM621. 3

中国国家版本馆 CIP 数据核字第 2024571VF4 号

出版发行：中国电力出版社
地　　址：北京市东城区北京站西街 19 号（邮政编码 100005）
网　　址：http://www.cepp.sgcc.com.cn
责任编辑：赵鸣志（010-63412385）
责任校对：黄　蓓　王小鹏
装帧设计：赵丽媛
责任印制：吴　迪

印　　刷：三河市万龙印装有限公司
版　　次：2024 年 11 月第一版
印　　次：2024 年 11 月北京第一次印刷
开　　本：787 毫米 × 1092 毫米　16 开本
印　　张：14.5
字　　数：279 千字
印　　数：0001—1000 册
定　　价：80.00 元

　　火电机组锅炉大部分金属部件长期在高温、高压及腐蚀环境下服役，随着运行时间的延长，部件材料发生蠕变损伤，引起金属部件不可逆的永久塑性变形和微观组织老化，材料微观组织的老化必然导致力学性能的劣化，如拉伸强度、持久强度、蠕变强度、塑性和韧性下降，脆性增加，以及韧脆转变温度的升高和屈强比的上升（即形变强化能力下降）。锅炉受热面管承受高温烟气冲刷会导致外壁氧化腐蚀，高温还会引起高温过热器、高温再热器管内壁的氧化。机组启停会引起汽轮机转子、锅炉锅筒低周疲劳损伤，出现疲劳裂纹，甚至出现严重的事故，对参与调峰运行的机组来说更为严重。故开展火电机组的寿命评估与安全性评定，对保障火电机组的长期安全可靠运行，预防和减少火电机组部件的失效事故、开展机组状态检修具有重要的技术意义和工程应用价值。

　　自 20 世纪 70 年代以来，国内外就开展了各类金属部件寿命评估研究与实践。相对于汽轮机 / 发电机转子、大型铸钢件等部件，压力容器、汽水管道的寿命评估和缺陷的断裂力学评定比较成熟，国内外制定诸多关于压力容器、汽水管道寿命评估和缺陷安全性评定标准。作者根据几十年来从事火电机组部件寿命评估经验，编写了本书。简要介绍了国内外火电机组金属部件寿命评估研究状态，简述了金属蠕变、疲劳、断裂力学基本理论，收集了火电机组常用钢的蠕变、疲劳和断裂力学性能，叙述了机组进行寿命评估的条件和程序，重点介绍了火电机组高温部件的蠕变寿命评估，汽轮机高中压转子、锅筒的低周疲劳寿命评估和含缺陷部件的断裂力学评定方法，包括金属的蠕变损伤与蠕变寿命估算、金属的疲劳损伤与疲劳寿命估算、金属部件缺陷断裂力学的安全性评定，提供了一些部件寿命评估和缺陷安全性评定的案例，以期为火电机组重要部件的寿命评估提供借鉴，为火电机组的安全可靠运行提供技术支持。

　　金属部件寿命评估涉及部件的材料性能（常规力学性能、蠕变、疲劳、断裂力学性能等）、部件的受力状态分析和寿命评估判据诸多研究领域，限于作者的水平和获得信息的局限，书中难免会存在疏漏和不妥之处，敬希读者批评雅正。

本书编写过程中得到西安热工研究院同仁的大力支持和帮助，也得到国内行业内同仁的大力支持和帮助，在此表示诚挚的谢意。

编者

2024 年 8 月于西安

目 录

第一章

概　述

　　火电机组锅炉大部分金属部件长期在高温、高压及腐蚀环境下服役，随着运行时间的延长，部件材料发生蠕变损伤，引起金属部件不可逆的永久塑性变形和微观组织老化（aging），材料微观组织的老化必然导致力学性能的劣化，如拉伸强度、持久强度、蠕变强度、塑性和韧性下降，脆性增加，以及韧脆转变温度的升高和屈强比的上升，例如，某电厂超超临界机组（600℃/600℃/25MPa）运行45200h后HR3C钢制高温过热器管的冲击吸收能量KV_2降至8J，最低值仅有4J（钢管供货态的KV_2达200J）。锅炉受热面管承受高温烟气冲刷会导致外壁氧化腐蚀，高温还会引起高温过热器、高温再热器管内壁蒸汽侧氧化。机组启停会引起汽轮机转子、锅炉锅筒的低周疲劳损伤，出现疲劳裂纹，甚至出现严重的事故，对参与调峰运行的机组来说更为严重。表1-1示出了火电机组部件的主要损伤机理。

表 1-1　　　　　　　　　　火电机组金属部件的主要损伤机理

部件名称		损伤机理						
		蠕变	疲劳	蠕变-疲劳	腐蚀	应力腐蚀	磨损	其他
关键部件	锅炉锅筒 汽水分离器		√		√	√		
	高温过热器集箱 高温再热器集箱 集汽集箱	√		√	√			高温氧化
	水冷壁集箱 省煤器入口集箱 下降管		√		√			

续表

部件名称		损伤机理						
		蠕变	疲劳	蠕变－疲劳	腐蚀	应力腐蚀	磨损	其他
关键部件	主蒸汽管道 高温再热蒸汽管道	√		√				高温氧化
	汽轮机高、中压转子		√	√				
	高压汽缸 高温阀门		√	√				
	汽轮机低压转子 汽轮发电机转子		√					
	护环				√	√		
一般性部件	过热器管 再热器管	√		√	√	√	√	高温氧化
	水冷壁管		√		√		√	
	省煤器管		√		√		√	
	汽轮机末级叶片		√		√			冲蚀
	除氧器				√	√		
	高压加热器				√	√		
	高温螺栓	√		√				应力松弛

火电机组金属部件服役条件苛刻，加之金属部件或多或少会存在一些缺陷，例如钢管的表面划痕、夹层、折叠、夹杂、甚至裂纹；焊缝的裂纹、未熔合、咬边、气孔、夹渣等；转子、大型铸钢件中的夹杂、成分或组织偏析等缺陷，这些缺陷或小裂纹在机组运行中会产生应力集中，引起缺陷或小裂纹的扩展，进而导致部件的早期失效。故开展火电机组的寿命评估与缺陷的安全性评定，对保障火电机组的长期安全可靠运行具有重要的技术意义和工程应用价值。本书中机组的寿命评估指无超标缺陷的部件寿命，安全性评定指含超标缺陷部件的断裂力学评定。

　　火电机组的寿命包括设计寿命、安全运行寿命、剩余寿命以及经济寿命等，本书中不涉及经济寿命。

　　（1）设计寿命。火电机组设计时预估的安全运行时间，一般经验确定为30年。火电机组部件国内外均采用常规强度设计，对压力容器和管道，即由其服役压力/温度、材料的许用应力和结构几何确定容器和管道的最小壁厚。对转动部件，即由其服役温度，传递的功率、扭矩、材料的许用应力和结构几何确定转轴的最小直径。故对火电机组严格来讲没有设计寿命，设计寿命只具有经验上的意义，只有进行有限寿命设计的部件才有设计寿命。通常锅炉制造厂对锅炉锅筒或汽水分离器进行低周疲劳寿命损耗计算，将锅筒或汽水分离器进行的疲劳寿命损耗移植到整台锅炉，在技术说明书中给出该台锅炉30年内在冷态、温态、热态、极热态启停及阶跃突变负荷多少次下的寿命损耗，这称之为常规强度设计，疲劳寿命校核。而锅炉高温集箱、高温蒸汽管道的主要失效型式是蠕变损伤。对于一些部件所给的寿命，例如，燃烧器耐磨件等使用寿命大于50000h、省煤器及其防磨板的使用寿命不少于100000h、喷水减温器的喷嘴使用寿命大于80000h、受烟气磨损的低温对流受热面管的使用寿命为100000h、空气预热器的冷段蓄热组件的使用寿命不低于60000h、锅炉各主要承压部件的使用寿命大于30年等均为经验寿命。

　　（2）安全运行寿命。指金属部件在服役条件下可安全运行的时间或疲劳循环次数。

　　（3）剩余寿命。安全运行寿命减去部件已累积运行的时间或疲劳循环次数。

　　（4）经济寿命。机组可靠性指标（可用小时、强迫停运率等）、能耗指标（煤耗、热效率等）及环保指标（CO_2 排放等）等超出相关规程规定。

　　中国华电发电集团香港有限公司曾对俄罗斯境内火力发电厂进行了调研，根据2016年2月报告，俄罗斯在役运行的火力发电厂有45个为20世纪50年代以前所建，占整个在役火力发电厂数量的35%（见图1-1），其中20世纪50年代的29个、20世纪40年代的8个、20世纪30年代的6个、20世纪20年代的1个，最老的火力发电厂为莫斯科市能源集团公司的 ГРЭС-3 им.Классона 电厂，1914年建厂。较老的8个电厂其中4个为燃煤电厂，4个为燃气电厂，20世纪50年代以前火电机组装机容量占整个装机容量的26%。根据俄罗斯火力发电厂的运行历程，火电机组的寿命高于30年（俄罗斯曾对这些老电厂15Cr1Mo1V钢制主蒸汽管道进行了寿命估算或更换）。2014年华电电力科学研究院曾对俄罗斯阿尔汉格尔斯克热电厂的6台机组进行安全状态和寿命评估，6台机组分别于1970、1972、1976年投运。20世纪90年代，国内曾对运行40多年的苏联援建的50MW高温高压火电机组的主蒸汽母管、汽轮机转子进行过寿命评估。

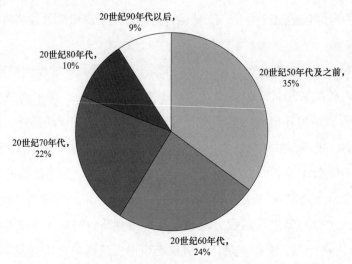

图 1-1 俄罗斯在役运行火力发电厂建厂年代分布（2016 年 2 月）

文献［1］对国内外煤电机组服役年限进行了调研分析，结果表明：发达国家 50% 煤电机组平均服役年限在 40 年左右，有的机组服役年限超过 60 年。表 1-2 示出了一些国家长周期运行机组情况。

表 1-2　　　　　　　　一些国家长周期运行机组情况

国家	电厂名称	机组编号	容量（MW）	投产时间	服役年限（a）
美国	萨姆斯发电厂（W.H.sammis）	1 号 6 号	180 600	1959 年 1967 年	60 52
英国	Ratcliffe-on-Soar West_Burton	1 号	500	1967 年	52
德国	尼德奥森电厂（Niederaussem）	C 号	300	1965 年	50
芬兰	因科电厂 KW Inkoo	1 号	266	1973 年	46
希腊	Kardia	3 号	330	1972 年	47
日本	横须贺发电厂	1 号	265	1960 年	45
日本	新小仓发电厂	1 号	156	1961 年	44

中国曾运行时间较长的机组为 20 世纪 50 年代建造的一些 50MW 机组，例如原西固电厂、富拉尔基电厂、户县电厂等 50MW 机组，运行时间在 40 ～ 50 年，由于能耗较高，高温部件老化严重而退役。

第一节　开展机组寿命评估的必要性

一、预防和减少火电机组部件的失效事故

1977 年，美国威廉斯堡电厂一条直径 300mm 的主蒸汽管道在运行中（471℃）爆裂，当场死亡 5 人、重伤 1 人，周围约 $20 \times 30m^2$ 范围内设备遭到破坏，失效的主要原因是碳钢管道在高温下长期运行石墨化导致的蠕变损伤。

我国火电机组蒸汽管道爆裂事故也有多起。2006 年 12 月 12 日，某电厂 1 号机组（500MW，捷克制造）运行中 CSN417134 钢（与 P91 钢相近）制主蒸汽管道（$\phi 420 \times 40mm$）爆破，管道运行参数为 17.46MPa/540℃，运行时间为 96282h，机组启停 472 次。爆破崩出一块 420mm × 560mm 的残片（见图 1-2）。失效分析表明：爆口处管段金相组织为粒状珠光体 + 铁素体 + 碳化物，爆口区域硬度为 148 ～ 207HBW，爆口对侧硬度为 159 ～ 179HBW，低于 CSN417134 规程的要求值（205 ～ 245HBW），爆口区段材料的室温、540℃下的屈服强度严重低于标准规定的下限值。管道爆破的主要原因是钢管的供货状态为退火状态，而非标准规定的正火 + 回火状态，由于原始钢管强度低导致早期蠕变开裂。

2015 年 1 月 8 日，某电厂 1000MW 机组高压旁路阀后管道（A672B70CL32，$\phi 863 \times 30mm$）运行中爆破（见图 1-3），该机组自 2013 年 3 月 6 日投运至高压旁路阀后管道爆破累计运行约 13255h，启停 11 次。失效分析表明管道爆破为蠕变断裂，爆破原因是高压旁路阀蒸汽内漏造成阀后碳钢管道局部区域较长时间超温，从而引起管道材料蠕变损伤、管径胀粗、壁厚减薄，应力升高而爆破。

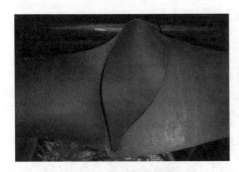

图 1-2　主蒸汽管道爆破形貌

图 1-3　高压旁路阀后管道爆破形貌

1998 年 6 月 11 日，某电厂 2 号机甲侧 X20CrMoWV121（12%Cr 型马氏体耐热钢）

钢制主蒸汽管道（$\phi 273 \times 25$mm）流量法兰附近管段在运行中爆裂，管道运行参数为13.7MPa/555℃，运行时间为158400h，开裂原因为流量法兰附近管段壁厚相对其他管段壁厚较薄，导致早期蠕变开裂。

2000年8月底，某电厂5、6号机主蒸汽母管（12Cr1MoV，$\phi 273 \times 25$mm）在运行中爆裂，裂纹处于母管联络门阀体（阀体材料ZG20CrMoV）靠6号炉一段管道焊缝的热影响区，联络门一侧为盲管端，母管运行时间为126691h，机组启停738次，运行参数为9.8MPa/540℃。开裂原因为盲管端在机组启停过程中温度波动较大，导致蠕变+热疲劳开裂。

20世纪90年代初，国内有几个服役时间30多年的电厂主蒸汽管道弯头、直段由于蠕变损伤而开裂。

至于锅炉高温过热器、高温再热器由于蠕变损伤导致的爆管，其案例就非常多。某电厂50MW机组1号炉自2000年1月投运至2005年12月6日累计运行约40000h，12Cr1MoVG钢制高温过热器（$\phi 42 \times 5$mm）发生爆管［见图1-4（a）］。过热器出口压力/温度为9.81MPa/540℃。失效分析表明：弯管附近材料中的珠光体已全部分散，球化级别大于5级［见图1-4（b）］。向火侧碳化物颗粒粗大，管样的室温、540℃拉伸强度均低于标准的规定值，管子表面氧化严重，内壁氧化层厚度较厚。表明管子的开裂主要是由于长期超温引起的蠕变损伤所致。

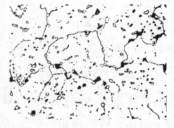

（a）爆口形貌　　　　　　　　　　　　　　　（b）过热器管微观组织形貌

图1-4　过热器管蠕变损伤爆破

某电厂亚临界机组2号炉自2001年6月19日投运至2005年11月累计运行36633h，末级过热器和高温再热器管（规格分别为 $\phi 50.8 \times 7.8$mm 和 $\phi 57.15 \times 4.5$mm）为TP304H，运行参数分别为17.39MPa/540℃和4.1MPa/540.8℃，运行中检查有些管排超温严重（过热器最高温度达560℃，再热器有的达到600℃或接近600℃），管材金相组织老化严重，第二相沿晶界析出、晶界粗化及σ相析出（见图1-5），管材冲击吸收能量KV_2下降约50%，表明运行管材料的韧性下降明显，脆性增加。故对末级过热器和高温再热器管进行材质鉴定和寿命评估。

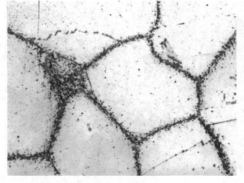

（a）原始管金相组织　　　　　　　　　　（b）运行后管样金相组织

图 1-5　TP304H 过热器管组织老化形貌

疲劳损伤在汽轮机高中压转子、锅筒、主汽门壳体等厚壁部件表现较为突出，主要是由于部件尺寸较大，在机组启停过程中热应力较高。这些部件的疲劳损伤主要为热疲劳，承担调峰运行的机组更为严重。2000 年之前，由于一些中小机组多参与调峰运行，国内有 20 多台 50MW 机组的汽轮机高压转子、多台锅筒内壁接管座焊缝及邻近接管座的母材出现热疲劳裂纹。例如：原涉县 150 电厂 1～4 号 50MW 机组高压转子（运行参数为 8.83MPa/540℃，转子材料为 30Cr2MoV）调节级前凹槽和轴封弹性槽部位先后出现严重的整圈断续裂纹（见图 1-6），1～4 号机转子裂纹深度分别为 4.3～8.5mm、10～13.9mm、3.4～10.2mm、4.2～6.2mm。1～4 号机先后于 1970 年 10 月—1974 年 9 月投运，至 2004 年前后出现裂纹时 1 号机运行 250000h，启停 819 次；2 号机 1986 年 5 月更换转子后运行 126000h，启停 1578 次；3 号机 1981 年 9 月更换转子后运行 150000h，启停 818 次；4 号机运行 210000h，启停 1469 次。由机组运行历程可见，机组启停频繁，特别是 2004 年的前几年每年的启停次数较多，故其裂纹为典型的热疲劳裂纹[2]。此外，这一时期原新疆红雁池电厂 5、7、8 号机（50MW）、分宜电厂 6 号机（50MW）、韶关电厂 6 号机（55MW）高压转子等均出现热疲劳裂纹。

200MW 机组中压转子也出现疲劳裂纹，图 1-7 示出了首阳山电厂一台 200MW 机组中压转子第 2 级轴封套与第 3 级轴封套过渡轴颈"R"角根部的热疲劳裂纹。该机组 1985 年底在焦作电厂投运，2000 年 3 月转子调运到首阳山电厂，经通流改造后负荷增加到 220MW，转子为材料 30Cr2MoV。机组通流部分改造后（2000.05—2004.05.01）冷态和热态分别启停 14 次和 44 次，转子累积运行约 150000h。

2019 年 9 月，某电厂 300MW 机组汽轮机 30Cr1Mo1V 钢制高压转子应力释放槽处出现整圈热疲劳裂纹，裂纹深度达转子截面径向 1/3，该台机组运行 45000h、启停 45 次[3]（见图 1-8）。图 1-9 示出了某电厂 600MW 超临界机组运行 16 年后高中压转子一级中压侧叶轮变截面处整周断续裂纹。

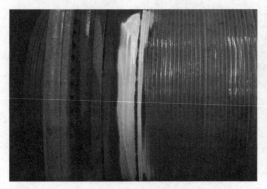

图 1-6　50MW 机组高压转子轴封
弹性槽处裂纹

图 1-7　200MW 机组高压转子截面
过渡 R 角处裂纹

图 1-8　300MW 机组高压转子应
力释放槽处裂纹

图 1-9　600MW 机组高中压转子叶
轮变截面处裂纹

1974 年 6 月 19 日美国 TVA Gallatin 电站 2 号汽轮机（225MW）在冷态启动（3400r/min）时中低压转子断裂（见图 1-10）。该机组 1957 年 5 月投运，至中压转子断裂运行 106000h，中压转子运行温度为 566℃，转速为 3600r/min。事故分析表明：该转子材料合金元素偏析严重，存在有大量非金属夹杂，在疲劳 - 蠕变交互作用下，在夹杂物处产生裂纹，逐渐扩展直至断裂。

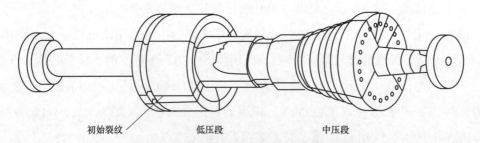

初始裂纹　　　　低压段　　　　中压段

图 1-10　225MW 机组中低压转子断裂示意图

图 1-11 示出了某电厂 200MW 机组锅筒内壁接管座处约半圈热疲劳裂纹（长度为 200mm），该裂纹处于焊缝热影响区。锅炉为法国斯坦因（stein）公司生产，锅筒服役参数为 20.8MPa/370℃，材料为 A52CP（成分与 SA299、20G 相近）。该台机组 1991 年投

运，至 2010 年 8 月 31 日累积运行 110318.1h，启 / 停 300 次。2009 年 8 月大修检查锅筒内壁下降管、进水管、表计管、人孔门铰座 20 个管座、铰座角焊缝，发现其中 15 个存在裂纹，打磨消除。至 2010 年 8 月运行 6035.65h，启 / 停 10 次，复查锅筒内壁下降管、进水管、表计管、人孔门铰座 20 个角焊缝，又发现其中 12 个出现新裂纹，裂纹深度多在 1～3mm，最深约 4mm。

图 1-12 示出了某电厂一台 360MW 机组锅筒内壁底部距锅炉右侧第一根主给水进入管口约 300mm 处的一条纵向裂纹（长 500mm），打磨深度 3mm 后裂纹还有 30mm 长。该台炉自 1999 年投运至 2013 年 8 月 16 日停机大修累计运行 95426h，启停 577 次，其中冷态启停 77 次。2006 年检查没发现裂纹，2013 年 8 月 16 日检查发现 3 条裂纹。锅筒运行参数为 19.6MPa/369℃，筒体材料为 SA299，实测筒体上裂纹附近厚度为 172mm。分析表明裂纹为热疲劳损伤所致，主要原因为锅筒给水套管角焊缝多次开裂泄漏，引起给水管接头角焊缝附近出现较大温差应力；其次机组频繁启停引起锅筒内外壁温差应力。

图 1-11　200MW 机组锅筒内壁
接管座裂纹

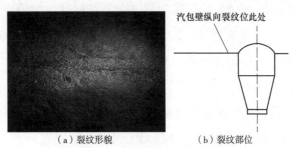

（a）裂纹形貌　　　（b）裂纹部位

图 1-12　360MW 机组锅筒内壁裂纹

一些超（超）临界直流锅炉，在水冷壁热负荷较高的区段（喷燃器附近），当锅炉运行工况发生变化时，由于管内汽水状态的变化，水冷壁不同区段加热、蒸发、过热三个过程的分界点随之而发生上下移动，从而造成某一区段温度较大幅度的下降或升高，在温度波动幅度较大的蒸发段区域（水、汽交变频繁区域）产生较大的热应力，出现热疲劳开裂，一旦外壁开裂，腐蚀性烟气加速了裂纹的扩展。某电厂 660MW 超超临界机组运行 8685.48h，锅炉前墙标高 48m 处附近（处于蒸发区域）21 根水冷壁管向火侧外壁有大量横向裂纹（见图 1-13），为典型的热疲劳裂纹。裂纹从外壁向内壁直线扩展，长短不一；向火侧内壁也存在横向裂纹，形态与外壁裂纹类似，但数量和长度少于外壁；管子背火侧未见裂纹。水冷壁（$\phi 28.6 \times 6.4$ mm）为内螺纹管，材料为 15CrMoG。

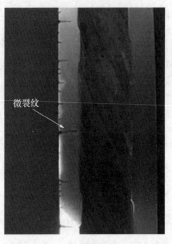 

微裂纹

（a）管子外壁裂纹　　　　　　　　（b）管子内壁裂纹

图 1-13　水冷壁典型的热疲劳裂纹

金属部件在服役条件下除蠕变损伤、疲劳损伤外，一些大尺寸的部件不可避免地会存在一些缺陷，有些甚至是超标缺陷。例如美国 TVA Gallatin 电站 2 号汽轮机中低压转子存在较大块的非金属夹杂，在蠕变－疲劳交互作用下在夹杂物处产生裂纹，逐渐扩展，直至断裂。20 世纪 90 年代对电站锅炉锅筒进行普查，20%～ 30% 锅筒焊缝存在着各种超标缺陷，缺陷多在筒体纵、环焊缝，下降管角焊缝，锅筒内预焊件角焊缝处。

为了减少火电机组金属部件的突然失效，开展金属部件的寿命评估和缺陷安全性评定具有重要的技术意义和工程应用价值。

二、开展机组寿命评估是进行机组状态检修的必然

从机组运行安全和经济性考虑，对机组进行维修优化，由计划性检修转变为状态检修是一个发展趋势。20 世纪 80 年代以来，美国等发达国家在火力发电厂逐步开展一系列机组维修优化研究，基于设备风险评估的维修（Risk Based Maintenance，RBM）、可靠性维修（Reliability Centered Maintenance，RCM）、预知性维修（Predictive Maintenance，PM）、预防性维修（Preventive Maintenance，PM）等。国内目前也在开展以机组高温关键部件状态评估和寿命评估为基础的状态检修，采用先进的监测手段，及时掌握设备的安全状态和寿命损耗，合理地安排检修项目与检修周期，从而达到降低检修成本、提高设备安全性。为了达到机组的状态检修，必然要对机组，特别是机组的关键部件，例如汽轮机转子、汽缸、发电机转子、护环、发电机绝缘、锅炉锅筒、汽水分离器，高温集箱、高温蒸汽管道、高温过热器、高温再热器管等进行寿命评估和安全性评定，为机组检修、部件的维修和更换提供技术依据。

三、为超（超）临界机组及深度调峰机组的安全运行提供技术支持

自 2000 年以来，我国的超超临界机组发展迅猛。据 2021 年 9 月统计，目前国内已经投运、在建的 1000MW 超超临界机组 200 多台，投运 150 多台。相应的 660MW 的超超临界机组也 200 多台。国内 1000MW 超超临界机组的蒸汽参数为 27.56MPa/605℃/603℃，再热蒸汽温度达 620℃的高效超超临界机组的蒸汽参数为 29.4MPa/605℃/623℃，有些二次再热的高效超超临界机组锅炉出口蒸汽参数达 32.55MPa/605℃/623℃/622℃。随着蒸汽温度 / 压力的提高，锅炉高温集箱、汽轮机高中压转子、高中压内缸、高压主汽阀阀体、主蒸汽管道、高温再热蒸汽管道等采用了大量新的 9%～12%Cr 型马氏体耐热钢，例如 T91/P91、T92/P92 钢；锅炉高温过热器、高温再热器采用了一些新的奥氏体耐热钢，例如 Super304H、HR3C 等。这些钢的高温性能还在不断地研究变化，例如美国机械工程师协会（American Society Mechanical Engineers，ASME）、欧洲蠕变委员会（European Creep Collaborative Committee，ECCC）先后下调了 T91/P91、T92/P92 钢的许用应力。面对大量投运的 P91、P92 钢制蒸汽管道，应对按原许用应力设计的高温蒸汽管道加强监督，根据机组运行历程进行寿命评估。因此，超（超）超临界机组的安全可靠运行和重要部件的寿命评估是一个突出的问题，有必要对超（超）超临界机组的重要部件进行寿命研究评估，为机组的安全可靠运行提供技术支持。

为实现我国提出的 2030 年达到碳达峰、2060 年实现碳中和的目标，我国的风电、太阳能等新的清洁能源发电迅猛发展，未来几年，对火电机组的深度调峰要求越来越高，例如，国内有 660MW 机组运行中调峰至 180MW。在深度调峰运行模式下，机组快速升降负荷、温度波动增加、启停频繁，加剧了金属部件的热疲劳损伤，特别是一些大截面、壁厚较大的金属部件。例如，某电厂两台 660MW 超临界机组运行 49000h，但启停较频繁（仅 2020 年机组启停 20～30 次），其 ZG1Cr10MoWVNbN 钢制高压主汽门阀体内壁多次产生热疲劳裂纹。对调峰机组来说，高中压转子、高压主汽门、高中压内缸以及汽水分离器等厚壁大截面部件，其热疲劳损伤会大大增加。另外，一些大容量机组，锅炉低负荷下运行，炉膛火焰充满度差，工质流量低，水动力特性差，存在偏烧，易导致受热面管超温，加剧了氧化皮的生成，同时加速了水冷壁管的结焦与腐蚀，再热蒸汽温度低还会引起汽轮机末级叶片的汽蚀。为了避免低压缸超温需喷水减温，喷水降低了排汽温度，加剧了汽缸温度梯度，热疲劳的问题更为突出，甚至出现变形。因此，机组深度调峰金属部件的热疲劳损伤应引起足够的重视。

基于减少和避免超（超）临界机组及深度调峰机组金属部件的突然失效，保障机组的安全运行，开展火电机组的寿命评估和缺陷安全性评定，对超（超）临界机组及深度

调峰机组更为重要。

第二节 国内外关于火电机组寿命评估研究

关于金属部件的寿命评估和安全性评定，国内外开展了广泛的研究与实践，制定了诸多的金属部件寿命评估和缺陷安全性评定技术标准。下面简要介绍关于金属部件寿命评估与缺陷安全行评定的国内外研究状态。

一、中国关于火电机组金属部件寿命评估与缺陷安全性评定的研究及应用

从 20 世纪 70 年代起我国就开始了火电机组关键部件的寿命评估研究与实践，早期主要针对高温高压及中温中压机组主蒸汽管道蠕变寿命评估。对运行不同时间的主蒸汽管道割管取样进行了大量的常规力学性能、蠕变性能、持久强度、微观组织老化、碳化物成分和结构等试验研究，获得了大量试验数据，涉及的材料包括 20G、12CrMo、15CrMo 12CrMoV、10CrMo910（2.25Cr–1Mo）、15Cr1Mo1V、12Cr1MoV（12X1MΦ）、X20CrMoV121（F12）、X20CrMoWV121（F11）等。

高温蒸汽管道的寿命评估主要采用持久强度外推法和 L–M 参数法，辅以材料的微观组织老化状态（例如珠光体球化级别，碳化物形态、分布、大小和尺寸变化，蠕变孔洞、微裂纹等）评估。20 世纪 90 年代后，西安热工研究院提出了一种新的蠕变寿命预测方法——θ 法，可精确描述材料蠕变曲线形状和蠕变变形规律，进而预测管道的蠕变寿命[4]。

主蒸汽管道的蠕变寿命评估已应用于原北京、大连、吴泾、青山、西固、富拉尔基、吉林石化、宝鸡、户县、姚孟、茂名、娘子关、神头、太原二热、漳泽以及华能南京等电厂的几十条主蒸汽管道以及导汽管的寿命预测，涉及的机组从 12MW 到 300MW。运行时间较长的主蒸汽管道寿命评估有苏联 20 世纪 50 年代援建中国的西固、户县、富拉尔基热电厂的主蒸汽管道母管，其中西固电厂的 12X1MΦ（12Cr1MoV）（$\phi 273 \times 26mm$）钢制主蒸汽管道母管（9.8MPa/540℃）运行 308000h，户县热电厂的 12MX（12CrMo）（$\phi 273 \times 28mm$）钢制主蒸汽管道母管（10.8MPa/510℃）运行 380000h。

近年来，随着超（超）临界机组的发展，国内的研究单位、电力设备制造企业、发电企业等相继开展了 T91/P91、T92/P92、CSN17134 等 9%～12%Cr 马氏体耐热钢的蠕变性能试验研究，并进行了 9%～12%Cr 钢制主蒸汽管道、高温集箱的寿命估算。

从 20 世纪 80 年代初开始，国内研究单位、高等院校开展了锅炉锅筒低周疲劳寿命研究。西安热工研究院对锅筒常用钢（19Mn5、19Mn6、BHW35、14MnMoV、SA299、

20G 等）及自动焊、电渣焊焊接接头共 10 多种材料在室温和 350℃下进行了低周疲劳特性试验研究，获得了每种材料试验温度下的常规力学性能、循环应力 – 应变曲线、低周疲劳寿命曲线和锅筒的疲劳寿命设计曲线[5]。采用三维有限元分析方法或标准规定的公式，对锅炉不同运行工况下（冷态、热态启停、变负荷运行）锅筒下降管部位的内压应力和热应力进行分析计算，然后利用线性累积损伤准则估算锅筒的疲劳寿命损耗，对韩城、西固、永昌、秦岭、天生港、茂名、辛店、黄石、蒲城等电厂以及九江石化、金山石化、大庆石化自备电厂等 40 多台锅筒的低周疲劳寿命进行了分析计算。

同一时期，我国还开展了汽轮机高压转子低周疲劳寿命研究。先后对汽轮机转子常用钢 30Cr2MoV、30Cr1Mo1V 在不同温度下（室温、450℃、500℃和 550℃）的低周疲劳特性进行了试验研究，获得了低合金转子钢在试验温度下的循环应力 – 应变曲线、低周疲劳寿命曲线和转子的疲劳设计曲线[6]，同时也收集了国外有关转子钢的疲劳设计曲线。然后用三维有限元程序或经验公式对机组在不同启停工况下（冷态、温态、热态启停和甩负荷）转子危险截面（转子调节级区段）的温度场和应力场进行分析计算，用线性累积损伤准则估算转子的疲劳 – 蠕变寿命。其研究成果应用于韶关、西固、分宜、红雁池第一发电厂、国电 150 电厂等 10 多根汽轮机转子的疲劳 – 蠕变寿命估算。

近年来，国内研究单位、汽轮机制造厂对超超临界机组用 10Cr 型转子钢（X12CrMoWVNbN10-1-1、14Cr10NiMoWVNbN（TOS107）和再热蒸汽温度 620℃的高效超超临界机组用 FB2（13Cr9Mo2Co1NiVNbNB）钢的低周疲劳特性进行了试验研究，为 10Cr 型转子钢的低周疲劳寿命计算提供了材料性能[7, 8]。

1998 年，原电力工业部颁布实施了 DL/T 654—1998《火电厂超期服役机组寿命评估技术导则》，2009、2022 年先后进行了修订。2005 年颁布了专门针对高温蒸汽管道寿命评估的 DL/T 940—2005《火力发电厂蒸汽管道寿命评估技术导则》，2022 年再次修订。参照这两个标准，2014 年颁布实施了 GB/T 30580—2014《电站锅炉主要承压部件寿命评估技术导则》，2022 年再次修订。2023 年，国家标准化管理委员会颁布实施了 GB/T 43103—2023《金属材料　蠕变 – 疲劳损伤评定与寿命预测方法》。

关于锅炉锅筒的疲劳寿命计算，GB/T 9222—1988《水管锅炉受压元件强度计算》中附录 D "水管锅炉锅筒低周疲劳寿命计算"，规定了锅筒的低周疲劳寿命计算方法。目前，锅筒的低周疲劳寿命计算可采用 GB/T 16507.4—2022《水管锅炉　第 4 部分：受压元件强度计算》中附录 A "锅筒低周疲劳寿命计算"。

关于汽轮机转子低周疲劳寿命计算，目前还未见到有关国家标准或行业标准或团体标准，仅在 DL/T 654—2022《火电机组寿命评估技术导则》中有关于汽轮机转子低周疲劳寿命的计算方法，但国内外汽轮机制造商一般有各自的计算方法，例如，上海汽轮机厂、东方汽轮机厂、哈尔滨汽轮机厂、西屋公司等。

20世纪70年代末、80年代初，国内的研究院所、高等院校及汽轮机制造厂对含缺陷的汽轮机转子、发电机转子采用断裂力学进行缺陷安全性评定。对转子常用钢（30Cr2MoV、17CrMo1V、34CrMo1A、28CrNi3MoV、34CrNi3Mo等）进行了大量的断裂韧度和疲劳裂纹扩展速率试验研究，然后依据转子缺陷部位的机械应力和热应力，对含缺陷转子的安全性用断裂力学进行了评定，进而估算裂纹或缺陷的疲劳扩展寿命。采用断裂力学对含缺陷转子的安全性评定研究已应用于姚孟、滦河、分宜、黄埔、洛阳、涉县、南通等电厂的10多根汽轮机转子、发电机转子的缺陷评定。

同一时期，国内研究院所、高等院校及锅炉制造厂采用断裂力学对锅筒焊缝缺陷进行安全性评定。对锅炉锅筒常用钢及其自动焊和电渣焊共10多种材料室温和350℃下的断裂韧度和疲劳裂纹扩展速率（有的材料在高温介质中测试）进行了试验研究[9, 10]，然后依据锅筒缺陷部位的内压应力和热应力，用COD判据对锅筒焊缝缺陷进行安全性评定。采用断裂力学对锅筒焊缝缺陷的安全性评定研究已应用于韩城、西固、永昌、秦岭、天生港、茂名、辛店、黄石、蒲城等电厂以及九江石化、金山石化、大庆石化自备电厂等电厂40多台锅筒焊缝的缺陷评定。

1984年压力容器学会和化工机械与自动化学会联合制定的CVDA—1984《压力容器缺陷评定规范》，是我国最早关于含缺陷压力容器安全评定的规程，2004年颁布实施了GB/T 19624—2004《在用含缺陷压力容器安全评定》，目前最新的修订版为GB/T 19624—2019。该规程规定了在用含缺陷压力容器的断裂与塑性失效评定、疲劳失效评定。适用于含下列类型缺陷的受压元件的安全评定：①平面缺陷：包括裂纹、未熔合、未焊透、深度大于或等于1mm的咬边等；②体积缺陷：包括凹坑、气孔、夹渣、深度小于1mm的咬边等。

对于汽轮机汽缸、阀门阀壳、压力管道的缺陷评定，可借鉴GB/T 19624，参照该标准曾对西固热电厂9、10号机组P91主蒸汽管道焊缝缺陷进行了安全性评估[11]。2021年电力行业颁布实施了DL/T 2467—2021《含缺陷高温高压管道结构完整性评估导则》，该规程主要参照英国的BS 7910《金属结构缺陷评定导则》对管道焊缝缺陷进行安全性评定。

20世纪80年代以来，国内还开展了锅炉高温过热器、再热器管的蠕变寿命评估。利用超声波检测技术对每根过热器、再热器管及不同高度向火侧内壁的氧化层厚度进行测量，依据管子材料、测定的氧化层厚度和锅炉运行时间估算管壁的实际运行温度，进而依据估算的管子向火侧实际温度、材料的蠕变断裂性能、管子的应力对每根过热器、再热器管及不同区段的蠕变寿命作出估算，给出不同管排管子的剩余寿命，依据评估结果确定哪些管段需要更换。对减少和防止过热器、再热器爆管，指导电厂制订锅炉检验计划、维护计划、换管计划（不需大面积换管）提供了技术依据，为锅炉管的状态检修，安全、经济运行提供了技术支持，该项技术已用于北仑港、姚孟、吉林化学公司热电厂、常熟、德州、华阳、军粮城、汉川、沙角B、天生港、嵩屿、新海、西柏坡、重庆、大坝、兰州二热、连城等几十个电厂、近百台机组（50～300MW）锅炉过热器和再热器管的寿命评估，涉及的材料包括12Cr1MoV、10CrMo910、12Cr2MoWVTiB（G102）、T91等，目前该项技术已被越来越多的电厂所采用。

二、国外关于金属部件寿命评估与缺陷安全性评定的研究及应用状态

自20世纪70年代起，许多工业发达国家开展了各类金属部件寿命评估研究与实践。关于高温下运行金属部件的蠕变寿命评估，美国电力科学研究院（Electric Power Research Institute，EPRI）制定了《火电厂延寿通用导则》，作为火电机组寿命评估、制定延寿规划和实施的指导性文件。日本《火力原子能发电》杂志于1989年出版了专刊《火电设备剩余寿命诊断和提高可靠性措施》，全面介绍了日本火电机组寿命评估技术。德国《蒸汽锅炉技术规程》中TRD 508"按持久强度值计算构件的补充检验"，规定了高温蒸汽管道蠕变寿命评估方法。欧洲的EN 12952-4《水管锅炉及辅机安装 第4部分：在役锅炉寿命预测计算》也规定了高温蒸汽管道蠕变寿命评估方法。

关于压力容器的低周疲劳寿命研究估算，国外一些工业发达的国家制定了相关技术标准，例如美国ASME《锅炉和压力容器规范 第Ⅷ卷 第3册》（ASME boiler and pressure vessel code Section Ⅷ, Division 3），英国BS 5500《非直接火加热焊制压力容器标准》附录C（British Standard Specification for Unified Fusion Welded Pressure Vessels Appendix C）中推荐的"压力容器疲劳寿命评估方法"，德国TRD 301《承受内压的圆筒》，欧洲的EN 12952-4《水管锅炉及辅机安装 第4部分：在役锅炉寿命预测计算》以及俄罗斯ГОСТ 25859《钢制容器及设备低周载荷下强度计算方法》等。

含缺陷压力容器的安全评定，国外一些工业发达的国家也制定了相应的技术标准，例如英国的BS 7910《金属结构缺陷评定导则》（Guide to methods for assessing the acceptability of flaws in metallic structures），该规程规定了含缺陷焊缝及母材室温及高温下的安全性评价方法，适用于新建设备和在役运行设备。BS PD 6493《焊接缺陷验收标准若干方法》（Guidance on methods for assessing the acceptability of flaws in fusion welded structures），英国R6《含缺陷结构完整性评定方法》（Assessment of the integrity of structures containing defects）、SINTAP《欧洲工业结构完整性评定方法》（Structural integrity assessment procedure for European industry），ECCC-WG4［欧洲蠕变委员会第4

工作组（构件）] 制定的 R5《高温构件的设计和评定规程》（High temperature component analysis overview of assessment & design procedures），日本焊接协会 WSD 委员会制定的 WES — 2085K《按脆断评定的焊接缺陷验收标准》，国际焊接学会的 IW《按脆性破坏观点建议的缺陷评定方法》等，美国 ASME《锅炉和压力容器规范 第Ⅷ卷 第 3 册》中也包含高压容器的缺陷评定。这些标准或规程涉及含缺陷构件的断裂力学安全评定以及高温部件的蠕变损伤、蠕变 – 疲劳交互作用损伤评价等。

关于汽轮机转子低周疲劳寿命计算与含缺陷汽轮机转子、发电机转子的安全评定，国外也开展了大量研究，但未见相关团体标准或行业标准，仅可见一些企业评估方法，例如美国西屋公司关于汽轮机转子低周疲劳寿命的计算方法。

美国电力科学研究院（EPRI）研发的含缺陷汽轮机转子应力分析和断裂评定 SAFER（Stress and Fracture Evaluation of Rotors）程序，日本电力工业中央研究院对其进行了改进，使之功能更全，评定的准确度更高。

关于锅炉高温过热器、再热器管的蠕变寿命评估，美国电力科学研究院（EPRI）进行了深入的研究与实践，其研究结果在 1993 年的研究报告《锅炉承压部件寿命评估》（Life Assessment of Boiler Pressure Parts）第 7 卷中。

以上所述关于火电机组或金属部件的寿命评估和缺陷的断裂力学评定的国内外标准或规范基本采用应力解析方法，即根据部件的服役条件（压力、温度、转速、启停工况等）计算部件危险部位的应力、部件材料的力学性能，选取合适的评估判据（例如评估蠕变寿命的等温线外推法、L–M 参数法；部件缺陷安全性评定的 K_{IC} 法、COD 法等）。除了基于应力解析方法的相关标准之外，国内外也进行了大量材料在高温下微观组织老化、蠕变孔洞、晶粒变形、电阻变化等试验研究，但这些微观组织的老化、物理性能的变化有的可作为应力解析方法的补充，有的还有待于进一步积累数据，不断完善。

第三节　机组进行寿命评估的条件和程序

机组和部件寿命评估主要是针对那些对机组安全性影响大的关键部件。关键部件是指发生事故时危及人身安全，迫使机组较长时间停运，修理、更换费用高、时间长的部件，例如，锅炉锅筒、汽水分离器、汽轮机转子、发电机转子、高压内缸、高温阀门壳体、高温蒸汽管道、高温集箱等部件。

一、机组和部件进行寿命评估的条件

（1）基本负荷机组。DL/T 654—2022《火电机组寿命评估技术导则》中规定有

延续运行需求的超期服役机组需进行寿命评估。这主要考虑高温部件长期运行的老化损伤，以及发电设备制造商给出的 30 年安全运行寿命。另外，国家能源局〔2016〕351 号文件《国家能源局关于加强发电企业许可监督管理有关事项的通知》中，规定了加强超期服役机组许可监管的相关要求，为规范超期服役机组寿命评估提供了依据。

（2）调峰机组。对参与调峰运行的机组，依据机组的调峰模式、不同启停工况下的启、停次数，机组运行时间和对金属部件损伤，对其疲劳寿命进行评估，同时根据部件服役温度的高低，考虑蠕变损伤。

（3）根据对金属部件在服役过程中的硬度和微观组织老化检测结果，依据 DL/T 940《火力发电厂蒸汽管道寿命评估技术导则》中有关高温部件寿命的条款做出初步评估，若高温部件的损伤指标超出 DL/T 940 的规定，可提前进行寿命评估。

（4）根据对关键金属部件在制造、服役过程中缺陷的检测结果，机组安装、运行的时间确定修复还是对缺陷进行断裂力学评定。

二、机组和部件寿命评估程序

部件寿命评估必须考虑部件服役条件下的主要损伤类型（蠕变、疲劳、蠕变 – 疲劳交互作用），是否含超标缺陷。不含超标缺陷的部件，以其主要损伤类型确定寿命评估。例如，高温下运行的部件（主蒸汽管道、高温再热蒸汽管道、高温集箱、高温过热器、高温再热器管等）主要考虑蠕变寿命；锅筒、汽水分离器主要考虑低周疲劳寿命。汽轮机高中压转子、高压内缸、高压主汽门等主要评估低周疲劳寿命，同时要考虑蠕变损伤，进行疲劳 – 蠕变交互作用寿命评估。

对含超标缺陷的部件，主要对缺陷的安全性进行评定，并估算缺陷的疲劳扩展寿命。图 1–14 和图 1–15 示出了无超标缺陷部件寿命评估和含超标缺陷部件寿命评估程序框图。由图 1–14 和图 1–15 可见：进行金属部件的寿命评估，除了解部件的设计、安装和部件的质量状态外，重要的必须获得三个必要要素：①部件材料力学性能；②部件危险部位或缺陷处的应力状态；③评估判据。

进行部件寿命评估应获取机组或部件以下信息。

（1）部件设计、制造资料及质量保证书。包括设计资料、部件材料及其力学性能、制造工艺、结构几何尺寸、强度计算书、出厂检验记录等。

（2）机组或部件安装资料。包括管道、集箱、压力容器的焊材、焊接工艺、焊缝的无损检查资料，缺陷处理记录，汽水管道安装的预拉紧力记录等。

（3）机组运行资料。投运时间，累计运行小时数，热态、温态、冷态启停次数及启停参数，强迫停机和甩负荷、发电机短路次数，锅炉灭火次数等；调峰机组的运行方式；汽水管道或压力容器的运行压力、温度，是否长时间偏离设计参数（温度、压力等）运行。

（4）机组或部件的历次检修检查记录、部件维修与更换记录。

（5）机组或部件事故、事故分析报告。

（6）机组未来的运行计划。

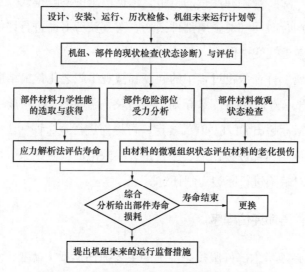

图 1-14　无超标缺陷部件寿命评估程序框图

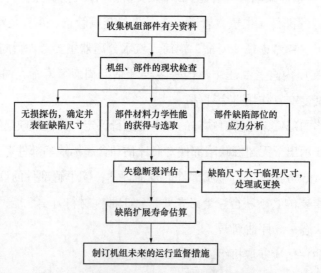

图 1-15　含超标缺陷部件寿命评估程序框图

美国电力科学研究院（EPRI）制定的《火电厂延寿通用导则》中对机组或部件寿命评估采用三级评估法：

（1）Ⅰ级评估——基本评估。

（2）Ⅱ级评估——较精确评估。当Ⅰ级评估的部件寿命少于部件已运行的时间时进行Ⅱ级评估。

（3）Ⅲ级评估——精确评估。当Ⅱ级评估的部件寿命少于部件已运行的时间时进行Ⅲ级评估。

DL/T 654《火电机组寿命评估技术导则》中也采用了三级评估法，三个等级评估所需资料见表1-3。

表1-3　　　　　　　　　　　　三个等级评估所需资料

项目	Ⅰ级评估	Ⅱ级评估	Ⅲ级评估
设计、制造和安装资料	电厂及制造厂资料	电厂及制造厂资料	电厂及制造厂资料
运行历程	电厂记录	电厂记录	电厂记录
事故、维修记录	电厂记录	电厂记录	电厂记录
运行温度和压力	设计或实际运行值	实际运行或测量值	实际运行或测量值
运行工况	额定工况或实际运行参数、方式	实际运行参数、方式	实际运行参数、方式
部件几何尺寸	设计制造资料	实际测量	实际测量
部件或焊缝缺陷	查阅历次检查资料	查阅历次检查资料、必要的现场检测	查阅历次检查资料；现场检测，检测比例高于Ⅱ级评估
硬度、微观组织	查阅历次检查资料，现场检测	查阅历次检查资料；现场检测，检测比例高于Ⅰ级评估	查阅历次检查资料；现场检测，检测比例高于Ⅱ级评估；取样在实验室测定
部件材料力学性能	查阅资料，取最低值	查阅资料，取最低值	对可取样的部件，取样在实验室试验测定

注　对于现场不可取样的部件，例如转子、压力容器、集箱、三通等力学性能，可查阅有关试验研究资料信息，借鉴同类服役部件更换取样的试验数据，否则取最低值。

俄罗斯对火电机组的安全监督与延寿由俄罗斯技术监督局负责，将压力大于或等于0.07MPa、温度大于或等于150℃的设备定义为危险设备。危险设备达寿命（按出厂时规定）后可延寿或报废，延寿需经第三方检验与评估，且获得技术监督局认可。根据设备状况逐步延寿，无次数上限；每次延寿时间最长5年，5年内需跟踪检查；对重要设备的延寿，可组织第三方检验检测与评估机构、电厂、制造方（可以是制造厂家或同类厂家、设计院）共同鉴定。俄罗斯设备状态（寿命）评估通常按照《关于热电厂锅炉、汽轮机和主要管道运行寿命延长和金属检测标准》执行，该标准中对不同材质、不同规格的主蒸汽管道在一定温度 / 压力下规定了寿命，对不同型号的汽轮机也规定了寿命。

第四节　影响机组或部件寿命评估结果的因素

尽管国内外对火电机组寿命评估和缺陷安全性评定进行了广泛的研究与实践，制定了诸多的金属部件寿命评估和安全性评定标准，对高温下材料微观组织老化、蠕变孔洞、碳化物成分与结构、晶粒变形、电阻变化进行了大量试验研究。但部件寿命评估和缺陷安全性评定结果仍存在不确定性。影响机组或部件寿命评估结果的主要因素：①部件材料性能的离散度；②危险部位应力分析的准确性；③评估判据的适用性。

部件材料的拉伸性能的离散度相对较小，但长时性能的离散度要大得多，例如高温持久强度、疲劳性能，试验时间越长，数值离散度越大。国外标准通常将持久强度的离散度规定为 ±20%。

图 1-16 示出了供货态的 12Cr1MoVG 钢制锅炉启动分离器连接管（$\phi 356 \times 50\text{mm}$）微观组织，由图 1-16 可见，珠光体球化达 2～3 级，但硬度仍处于较好水平（165HBW），GB/T 5310—2023《高压锅炉用无缝钢管》规定硬度为 135～195HBW。

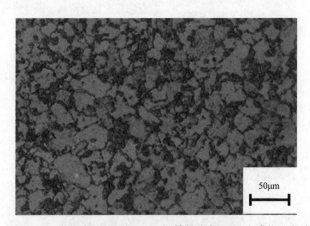

$50\mu\text{m}$

图 1-16　供货态 12Cr1MoVG 钢管的金相组织（球化 2 级）

材料性能数据的离散度、微观组织的不确定性会给寿命评估结果带来不确定性。因此进行部件寿命评估，掌握的材料性能数据越多，就可对数据进行更可靠的统计处理，评估结果的不确定性越小；若掌握的材料性能数据越少，评估结果不确定性越大。通常，相关标准中给出的材料性能曲线、数值充分考虑了材料性能的离散度。另外，相关标准或资料给出的材料性能数据大多数为原材料数值，仅有少量服役后的材料性能数据，而材料在高温下运行后的老化损伤会降低性能，这一点在蠕变寿命评估中要充分考虑。

部件危险部位应力分析结果必然会影响寿命评估结果。对汽水管道、集箱筒体、压力容器壳体等部件，通常有相对准确的应力计算公式。但对汽轮机转子、大型阀门壳体等没有准确的应力计算公式，只能采用有限元分析或经验公式或试验应力测量。有限元分析结果取决于应力分析模型、所取的边界条件，而经验公式或试验应力测量均存在不确定性。

评估判据的选取也会影响寿命评估结果，例如对某条主蒸汽管道采用等温线外推法与L-M参数法评估会获得不同的寿命，因此要根据部件的服役工况、服役时间、微观组织老化等综合分析评估。

机组或部件寿命评估中可采用类比法，即可参照国内外同型号机组、同参数或相近参数机组或部件的运行历程，若国内外有运行40年的同参数机组或部件，则运行时间少于40年的机组部件可参照。

基于以上分析，进行部件寿命评估和安全性评定，尽可能采用相关技术标准，尽可能多地掌握国内外关于部件材料的性能数据，准确地进行应力分析，采用不同的判据进行评估，并考虑高温部件微观组织的老化损伤程度，最后综合分析，选取较保守的评估结果。

参考文献

［1］王双童，杨希刚，常金旺．国内外煤电机组服役年限现状研究．热力发电，2020，49（9）：11-16.

［2］李益民，杨百勋，史志刚，等．汽轮机转子事故案例及原因分析．汽轮机技术，2007（2）.

［3］张学延，杨会斌，李立波．伯德曲线在某300MW汽轮机高中压转子裂纹故障诊断中的应用．热力发电，Vol.49，No.2，2020，49（2）：115-120.

［4］束国刚，李益民，梁昌乾，赵彦芬．应用θ法外推主汽管道蠕变寿命研究．热力发电，2000（5）：36、37.

［5］王金瑞，李益民．电站高压锅炉汽包用钢的低周疲劳特性．中国电机工程学报，1987（3）：1-10.

［6］王金瑞．李益民．30Cr2MoV汽轮机转子钢的低周疲劳特性．热力发电，1987（3）：22-27.

［7］杨百勋，田晓，等．10Cr转子钢的低周疲劳特性试验研究．动力工程学报，

2018-01-15：74-79.

［8］丁玲玲，杨百勋，田晓，李益民 . 高效超超临界汽轮机转子钢 FB2 的低周疲劳特性研究 . 动力工程学报，2018-08-15：682-688.

［9］李益民，王金瑞 . 19Mn5 钢及其电渣焊缝材料腐蚀疲劳裂纹扩展特性 . 热力发电，1993（1）：17-23.

［10］李益民，史志刚 . P91 主蒸汽管道焊缝断裂韧度与其它力学性能的关系 . 中国电机工程学报，2005（2）：153-157.

［11］李益民，史志刚，蔡连元，阎建滨 . 甘肃兰西热电公司 9～10 号机、11～14 号炉 P91 蒸汽管道焊缝缺陷的安全性评定 . 西安热工研究院技术报告，TPRI/T4-RB-094-2004.

第二章

金属的蠕变损伤与蠕变寿命估算

金属材料在一定温度和应力长期作用下，随着时间延长发生缓慢塑性变形的现象称为蠕变。金属发生蠕变的应力要比该温度下金属的屈服强度低很多，金属的蠕变温度与其熔点有关，有些低熔点金属，如铅、锡等，即使在室温下也会发生蠕变。对火电机组部件用低合金钢，当运行温度超过450℃即要考虑蠕变。远在20世纪初，人们就观察到金属的蠕变现象，1910年英国人E.安德雷德（E.N.da C.Andrade）进行了几种纯金属的蠕变试验。到1920年左右，随着锅炉蒸汽温度的提高，金属的蠕变才受到广泛的关注，高温金属部件的寿命和运行安全与蠕变损伤密切相关。本章简要介绍金属的蠕变曲线、蠕变下的高温强度，火电机组金属在高温下的蠕变损伤，高温部件的蠕变寿命评估。

第一节　金属的蠕变曲线

在恒定温度 T、恒定应力 σ 下，金属的典型蠕变曲线［变形或应变（ε）随时间（t）变化］如图 2-1 所示。图 2-1 中 Oa 为初始加载时的瞬时伸长，主要为弹性变形；ab 为蠕变第 I 阶段，由于在该阶段中蠕变速率随时间减小，也称减速蠕变阶段；bc 为蠕变第 II 阶段，在这一阶段中蠕变基本以恒定速度进行，也称稳态蠕变阶段，是整个蠕变过程中蠕变速率最小的阶段；cd 是蠕变第 III 阶段，这一阶段中蠕变速率随时间增大直至 d 点断裂，为加速蠕变阶段。

对于确定的材料，蠕变曲线的形状主要与应力、温度相关，在较长试验周期中也与金属材料高温下微观组织的老化相关。在应力较小、温度较低时，蠕变第 II 阶段会明显增长，甚至不出现第 III 阶段；在应力较大、温度较高时，蠕变第 II 阶段会明显缩短，甚至消失；实际试验中有时看不到明显的第 I 阶段蠕变（如图 2-2 所示）。金属在较长蠕变试验周期中微观组织的老化会影响蠕变过程，例如珠光体耐热钢在服役过程中珠光体球化和碳化物聚集以及合金元素的迁移等均使钢的固溶强化和弥散强化作用减弱，蠕变速率增加。

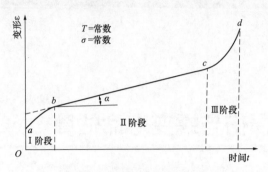

图 2-1　金属的典型蠕变曲线

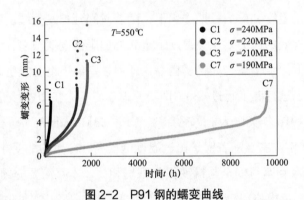

图 2-2　P91 钢的蠕变曲线

1985 年，Evans 和 Wilshire 基于沉淀硬化合金的蠕变变形是一个应变硬化与碳化物析出、聚集、长大引起材料弱化这样一个物理模型，提出了描述整个蠕变曲线的特征方程[1]，即

$$\varepsilon=\theta_1\left(1-e^{-\theta_2 t}\right)+\theta_3\left(e^{\theta_4 t}-1\right) \tag{2-1}$$

式中　　ε——蠕变应变；

θ_1、θ_3——与蠕变 I、III 阶段变形量相关的参数；

θ_2、θ_4——与蠕变 I、III 阶段蠕变速率相关的参数；

t——时间。

θ_i 与应力 σ、温度 T 相关，即

$$\log\theta_i=a_i+b_i\sigma+c_i T+d_i\sigma T \tag{2-2}$$

式中　a_i、b_i、c_i、d_i——由试验数据拟合的系数。

根据某一温度不同应力下材料的蠕变曲线，例如图 2-2，采用非线性回归处理，即可确定不同应力下的参数 θ_1、θ_2、θ_3、θ_4。一旦确定了 θ_1、θ_2、θ_3、θ_4，即可方便地确定

达到某一规定应变的时间；反之，也可方便地确定某一时间的应变。对方程式（2-1）求导数，即可获得蠕变速率。

K. Maruyama 等人把描述蠕变 Ⅰ、Ⅲ 阶段的速率参数 θ_2、θ_4 相等时的蠕变应变确定为计算蠕变寿命的应变量（该应变量可达蠕变断裂寿命的 90%），于 1990 年提出了修正的 θ 方程[2]，即

$$\varepsilon = \varepsilon_0 + \theta_1(1-e^{-\theta t}) + \theta_3(e^{\theta t}-1) \qquad （2-3）$$

该方程中仅有一个蠕变速率参数，ε_0 为初始蠕变量，从而使确定蠕变曲线的方程简化。对三种 Cr-Mo-V 钢不同温度下测得的 ε_0 表明，ε_0 与温度无关且正比于材料的无量纲应力，即

$$\varepsilon_0 = 1.8 （\sigma/E） \qquad （2-4）$$

式中 E ——材料的弹性模量。

试验还证明，式（2-3）中的 θ_1 也与温度无关，且可表示为

$$\theta_1 = f_{\theta 1}（\sigma/E） \qquad （2-5）$$

即 θ_1 是（σ/E）的函数，仅与应力相关。

θ_3 与温度的关系反映了阿伦纽斯定律，可表示为

$$\theta_3 = f_{\theta_3}(\sigma/E)e^{(-Q_B/RT)} \qquad （2-6）$$

$$Q_B = 2 （Q_C - Q_D） \qquad （2-7）$$

式中 Q_B —— 材料的表观激活能；

  R —— 玻尔兹曼常数；

  T —— 绝对温度；

  Q_C —— 最小蠕变速率下的激活能；

  Q_D —— 自扩散激活能。

由此，只要确定了式（2-6）、式（2-7）中材料的激活能，则 θ_3 也仅与应力相关。

式（2-3）中的 θ 为蠕变速率参数，可表示为

$$\theta = f_\theta(\sigma/E)D_0 e^{(-Q_D/RT)} \qquad （2-8）$$

式中 D_0 ——常数。

由上述分析可知，只要测定了材料有关热力学参数，那么 θ 就仅与应力相关，故可用较高应力下短时蠕变数据来外推长期低应力下的蠕变曲线。图 2-3 为用式（2-3）计算的蠕变曲线与试验数据的比较。由图 2-3 可见，试验结果与计算曲线吻合较好，表明可用式（2-3）来预测长期蠕变曲线。

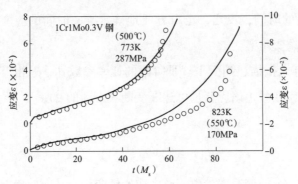

图 2-3　用式（2-3）计算的蠕变曲线与试验数据的比较

文献［3］对 10CrMo910（T22/P22）钢在 540℃和 560℃下进行了恒载荷蠕变断裂试验，依据试验获得的材料在某一应力水平、不同时间对应的蠕变变形量数据，提出了一种描述蠕变曲线形状修正的 θ 方程，即

$$\varepsilon=\theta_1 t+\theta_2\left(e^{\theta_3 t}-1\right)\tag{2-9}$$

该方程略去了蠕变第 I 阶段，相对于整个蠕变曲线，第 I 阶段的时间非常短，而在材料试验中往往观察不到第 I 阶段（如图 2-2 所示）。

表 2-1 示出了 10CrMo910 钢在不同温度、不同应力下的 θ_1、θ_2、θ_3 值。

表 2-1　　　　　　　　不同温度、不同应力下的 θ_1、θ_2、θ_3 值

钢号	温度（℃）	应力（MPa）	断裂寿命（h）	θ_1	θ_2	θ_3
10CrMo910	540	88.2	10 124*	8.22×10^{-6}	9.1×10^{-7}	$9.270\ 5\times10^{-4}$
		98.0	6 436.9	2.437×10^{-5}	2.91×10^{-6}	1.756×10^{-3}
		107.8	2 158.95	7.212×10^{-5}	7.61×10^{-6}	$4.511\ 7\times10^{-3}$
		117.6	981.67	$1.920\ 8\times10^{-4}$	9.81×10^{-6}	$1.042\ 749\times10^{-2}$
		127.4	478.07	$3.026\ 7\times10^{-4}$	1.578×10^{-5}	$2.000\ 845\times10^{-2}$
		137.2	199	$9.115\ 9\times10^{-4}$	1.890×10^{-5}	$4.530\ 86\times10^{-2}$
	560	78.4	9 726*	8.10×10^{-6}	8.471×10^{-7}	$1.083\ 7\times10^{-3}$
		88.2	4 907.6	2.808×10^{-5}	2.69×10^{-6}	$2.299\ 94\times10^{-3}$
		98.0	1 367.2	$1.092\ 8\times10^{-4}$	7.581×10^{-6}	$7.215\ 41\times10^{-3}$
		107.8	516.5	$2.744\ 7\times10^{-4}$	3.829×10^{-5}	$1.554\ 117\times10^{-2}$
		117.6	213.22	$2.939\ 6\times10^{-4}$	$1.876\ 1\times10^{-4}$	$2.940\ 94\times10^{-2}$
		127.4	111.92	$1.260\ 11\times10^{-3}$	$2.791\ 84\times10^{-3}$	$6.479\ 288\ 8\times10^{-2}$

＊　指该试样未断。

当温度恒定，式（2-9）中的 θ_i 仅与应力相关，将表 2-1 中 θ_i 与应力 σ 在单对数坐标中绘出（见图 2-4），可见 θ_i 与应力 σ 呈线性关系，即

$$\log\theta_i=a_i+b_i\sigma \tag{2-10}$$

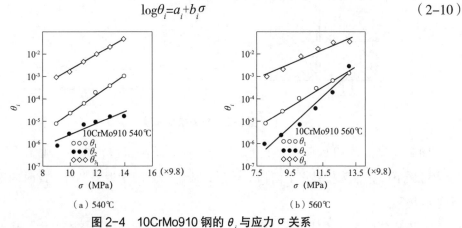

（a）540℃　　　　　（b）560℃

图 2-4　10CrMo910 钢的 θ_i 与应力 σ 关系

表 2-2 列出了式（2-10）中的 a_i、b_i 值。

表 2-2　　　　　　　式（2-10）中的 a_i、b_i 值

钢号	温度（℃）	θ_i	a_i	b_i
10CrMo910	540	θ_1	−8.680 542	0.406 800 00
		θ_2	−8.129 202	0.254 286 00
		θ_3	−6.129 130	0.342 265 70
	560	θ_1	−8.482 680	0.438 159 70
		θ_2	−11.723 820	0.680 674 00
		θ_3	−5.446 540	0.319 612 94

将 θ_1、θ_2、θ_3 代入方程（2-9），即可获得 10CrMo910 钢的蠕变曲线方程。根据试验获得的材料蠕变曲线方程，即可外推部件在服役条件（温度、应力）下的蠕变曲线，将蠕变曲线第Ⅱ阶段和第Ⅲ阶段过渡的切点定义为蠕变寿命，即可依据在役高温蒸汽管道的蠕变测量数据预测管道的蠕变寿命。

金属在恒定温度 T、恒定变形或应变 ε 下单向拉伸加载，应力随时间延长而下降的现象，称为应力松弛（见图 2-5）。例如汽轮机汽缸紧固螺栓，拧紧螺帽使两个法兰面压紧，随着运行时间延长，虽然螺栓的总长度未变，但法兰面之间的紧力降低。

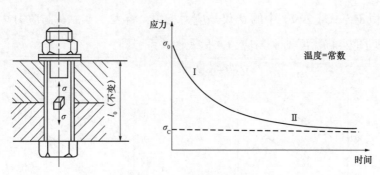

图 2-5　应力松弛曲线

图 2-5 中 σ_0 为初始应力，在开始阶段，应力下降很快，称为松弛第 I 阶段。此后应力缓慢下降，称为松弛第 II 阶段。最后，应力与时间轴近乎平行，此时的松弛应力称为松弛极限。

在松弛条件下，随时间延长应力的下降是由于塑性变形量逐渐增加，弹性变形量逐渐减少所致。塑性变形量的增加与弹性变形量的减少是等量同时产生。

金属蠕变是在恒应力下，变形随时间的延长而不断增加的过程；松弛是在恒定总变形下，应力随时间的延长而不断降低的过程，两者的本质相似，松弛可看作是在应力不断降低时的多级蠕变。不少金属研究者对金属蠕变与松弛两者之间的关系进行了大量研究，但对于如何用一个共同的标准表征这两个过程，尚需进一步理论研究与试验验证。

第二节　金属的蠕变强度、持久强度及试验

金属的蠕变强度、持久强度（蠕变断裂强度）表示材料抵抗外力引起的蠕变变形和断裂的能力，是材料本身的固有特性，在高温部件设计、寿命评估中是很重要的技术参数。国外文献中常将持久强度写为 Creep rupture strength 或 Duration rupture strength，本节主要叙述材料的蠕变强度及试验。

一、金属的蠕变强度和持久强度

（一）蠕变强度

金属的蠕变强度可分为物理蠕变强度和条件蠕变强度。物理蠕变强度是指在一定的温度下金属不发生蠕变的最大应力，很显然，物理蠕变强度的高低取决于引伸计（应变规）的最小变形检测能力。工程中通常采用条件蠕变强度，即金属在规定的蠕变条件下（一定的温度、一定的时间内，达到一定的蠕变变形量或蠕变速率）保持不失效的最大应力。

工程中有两种方法表示材料的蠕变强度：一种采用应变（或蠕变变形量）表示，一般用于需要提供总蠕变变形的部件设计；另一种用蠕变速率表示，多用于在役部件的运行监督。

采用蠕变变形量表示：$\sigma^T_{\varepsilon/t}$—规定的时间内达到规定的应变（或蠕变变形量）的蠕变强度。$\sigma^T_{\varepsilon/t}$ 中的 T—温度，ε—应变，t—时间。例如 $\sigma^{550}_{0.2/1000}$ 表示在 550℃ 下，经1000h 试样应变为 0.2% 下的最大应力。

采用蠕变速率表示：$\sigma^T_{\dot\varepsilon}$—稳态蠕变（第 Ⅱ 阶段）速率达到规定值时的蠕变强度，一般用于运行时间较长的构件。$\sigma^T_{\dot\varepsilon}$ 中的 T—温度，$\dot\varepsilon$—蠕变速率。例如 $\sigma^{540}_{1\times10^{-5}}$ 表示在540℃ 下，试样的蠕变速率 $\dot\varepsilon$ 达 1×10^{-5}% 时的最大应力。

金属材料的蠕变速率 $\dot\varepsilon$ 与应力 σ 的关系通常采用 Norton 公式表示，即

$$\dot\varepsilon_m = A\sigma^n \tag{2-11}$$

式中　A、n ——由试验获得的材料常数。

用一组试样在恒定温度、不同应力下进行蠕变试验，获得不同应力下试样第 Ⅱ 阶段的蠕变速率 $\dot\varepsilon$，然后用最小二乘法拟合，获得式（2-11）中的 A、n 值。由此，可获得某一温度下任意蠕变速率 $\dot\varepsilon$ 下的应力，即为某一蠕变速率下的蠕变强度；反之，也可获得某一温度、某一应力下的蠕变速率。图 2-6 示出了 P91（10Cr9Mo1VNbN）钢 550℃、600℃ 下蠕变速率 $\dot\varepsilon$ 与应力 σ 的关系曲线。

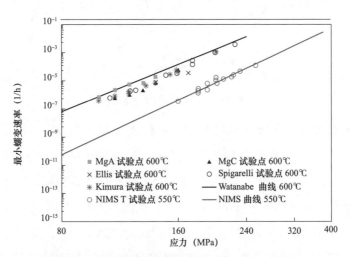

图 2-6　P91 钢不同温度下蠕变速率 $\dot\varepsilon$ 与 σ 关系[4]

材料的蠕变速率 $\dot\varepsilon$ 与断裂时间 t_r 的关系通常采用 Monkman–Grant 公式表示，即

$$\dot\varepsilon t_r^{\alpha} = B \tag{2-12}$$

式中　B、α ——由试验获得的材料常数。

图 2-7、图 2-8 示出了 P91（10Cr9Mo1VNbN）、FB2（13Cr9Mo1Co1NiVNbNB）钢蠕变

速率 $\dot{\varepsilon}$ 与时间 t 关系曲线。

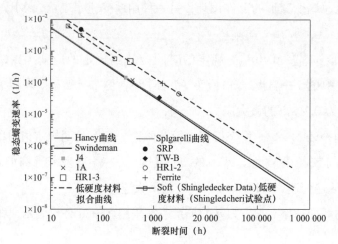

图 2-7　P91 钢 $\dot{\varepsilon}$-t_r 曲线

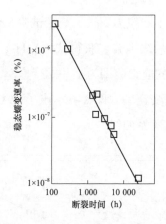

图 2-8　FB2 钢的 $\dot{\varepsilon}$-t_r 曲线

蠕变速率或蠕变应变量在火电机组高温部件金属监督中是一个重要的指标，DL/T 438《火力发电厂金属技术监督规程》规定：已运行 20 万 h 的 12CrMoG、15CrMoG、12Cr1MoVG、12Cr2MoG（2.25Cr-1Mo、P22、10CrMo910）钢制蒸汽管道，经检验符合下列条件，直管段一般可继续运行至 10 万 h：①实测最大蠕变应变小于 0.75% 或最大蠕变速率小于 $0.35 \times 10^{-5}\%/h$；②监督段金相组织未达到 5 级；③未发现 4 级以上的蠕变损伤。12CrMoG、15CrMoG、12Cr1MoVG、12Cr2MoG 和 15Cr1Mo1V 钢制蒸汽管道，当蠕变应变达到 0.75% 或蠕变速率大于 $0.35 \times 10^{-5}\%/h$ 时，应割管进行材质评定和寿命评估。

（二）持久强度（蠕变断裂强度）

持久强度定义：在规定的蠕变条件下（一定的温度、一定的时间内）材料保持不失效的最大应力，通常用 σ^T_t 表示。σ^T_t 中的 T—温度，t—时间。例如 $\sigma^{540}_{1 \times 10^5}$ 表示在 540℃

下，试样达 10^5h 而不断裂的最大应力。高温部件设计多采用材料 10^5h 持久强度除以 1.5 作为许用应力，另外，持久强度也用于高温部件的蠕变寿命评估。

高温部件设计采用 10^5h 持久强度除以 1.5 作为许用应力，并不表示部件的设计寿命为 10^5h。德国 TRD508 中规定可根据 2×10^5h 持久强度选取许用应力，但也不能说设计寿命为 2×10^5h。若把根据 10^5h 持久强度选取许用应力视为 10^5h 设计寿命，那么，对于室温部件设计选用一次拉伸屈服强度或抗拉强度除以规定的安全系数选取许用应力，那么室温部件的设计寿命是否就能说是一次，显然不可能。

材料的持久强度通过试验获得，通常有三种方法，最常见的为等温线法、等应力法和 L–M（Larson–Miller）参数法。

1. 等温线法

早在 1934 年，A.E.White 和 C.L.Clarke 等人就研究了等温条件下应力与断裂时间的关系，可用式（2-13）描述，即

$$\sigma = k \left(t_r \right)^m \qquad\qquad (2\text{-}13)$$

式中　k、m ——由试验获得的材料常数。

图 2-9 示出了国产 10Cr18Ni9NbCu3BN（Super304H）钢的持久强度曲线。

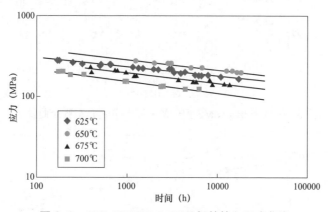

图 2-9　10Cr18Ni9NbCu3BN 钢的持久强度曲线

由蠕变断裂试验获得式（2-13）中的材料常数，即可外推规定时间的应力（持久强度）。等温线法属于线性外推，在工程应用中简单方便。缺点在于更长的时间范围，材料的应力 – 时间（σ–t）关系不呈线性（见图 2-10、见图 2-11），由图 2-11 可见，温度越高，这种非线性趋势越明显。有些材料的等温线法外推的原材料持久强度与服役后材料持久强度出现矛盾（见图 2-12），外推时间超过 2×10^4h 后，运行过材料的持久强度反而高于原始材料[5]。由此可见，用等温线法外推的时间与试样试验持续最长时间的差距越小，外推的持久强度精度越高。一般欧美外推时间为试样持续试验最长时间的 3

倍，而中国外推时间往往为试样持续试验最长时间的 10 倍。另外，等温线法外推的寿命对应力过于敏感，未考虑蠕变变形。

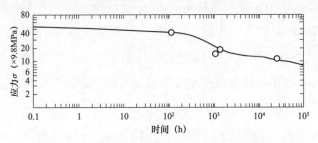

图 2-10　10CrMo910 钢 550℃下的持久强度曲线

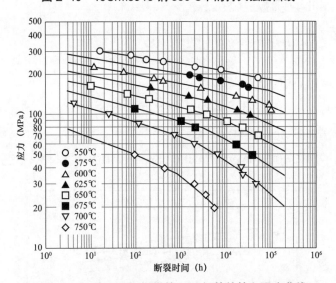

图 2-11　日本 NIMS 提供的 P92 钢管的持久强度曲线

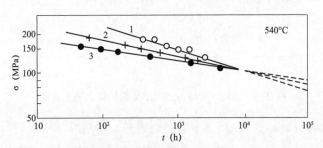

图 2-12　10CrMo910 钢管不同运行时间后的持久强度曲线

1—原始态；2—运行 29800h；3—运行 50000h

2. 等应力法

1935 年，Bailey 等人提出了等应力条件下温度与断裂时间的关系，可用式（2-14）描述，即

$$T=k'\left(t_{\mathrm{r}}\right)^{m'} \tag{2-14}$$

式中　k'、m'——由试验获得的材料常数。

由蠕变断裂试验获得式（2-14）中的材料常数，即可外推规定某一应力、温度下的断裂时间。等应力法也属于线性外推，在工程应用中简单方便。

图2-13、图2-14示出了P92（10Cr9MoW2VNbBN）、P91（10Cr9Mo1VNbN）钢的等应力持久强度（T-t_r）曲线。

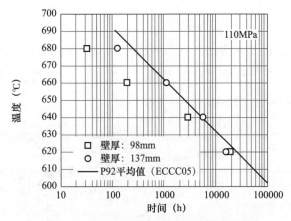

图2-13　P92钢的等应力持久强度曲线

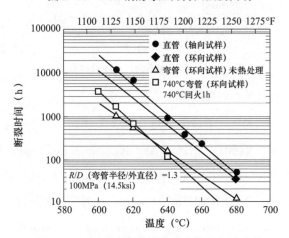

图2-14　P91冷弯管的等应力持久强度曲线
（ϕ139.7×10mm）

3. L-M（Larson-Miller）参数法

20世纪50年代，Larson、Miller建立了L-M参数法［式（2-15）］，参数法同时考虑了应力与温度，即

$$P(\sigma)=T(\lg t_r+C) \tag{2-15}$$

式中　$P(\sigma)$——Larson-Miller参数，简称L-M参数；

　　　　T——试验温度；

　　　　C——材料常数。

对不同温度、不同应力下材料的蠕变断裂试验结果采用式（2-16）进行处理，然后获得式（2-15），即

$$\lg t_r = C + [(C_1 \lg\sigma + C_2(\lg\sigma)^2 + C_3(\lg\sigma)^3 + C_4(\lg\sigma)^4 + C_0)]/T \tag{2-16}$$

式中　　　　　　　　　　σ —— 应力；

T —— 试验温度；

C_0、C_1、C_2、C_3、C_4 —— 拟合常数。

相对于线性外推的等温线法、等应力法，L-M 参数法的评估精度、可靠性较高。其缺点是外推结果强烈受 C 值的影响，且未考虑蠕变变形。图 2-15 示出了 CB2（ZG13Cr9Mo2Co1NiVNbNB）铸钢的 L-M 参数曲线。

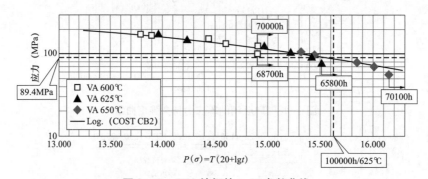

图 2-15　CB2 铸钢的 L-M 参数曲线

（三）影响材料持久强度的因素

材料持久强度主要取决于化学成分、热处理工艺和拉伸强度。金相组织、晶粒度以及尺寸因素为次要因素，故美国 ASTM（American Society of Testing Materials）A335《高温用无缝铁素体合金钢管技术条件》（Specification for seamless ferritic alloy-steel pipe for high-temperature service）和欧洲 DIN EN 10216-2《承压无缝钢管技术条件 第 2 部分：高温用碳钢和合金钢钢管》（Seamless steel tubes for pressure purposes technical delivery conditions Part 2: Non-alloy and alloy steel tubes with specified elevate temperature properties）钢管技术标准中对高温用低合金、9%～12%Cr 高合金钢管不规定金相组织和晶粒度。

1. 金相组织和晶粒度的影响

检测低合金、9%～12%Cr 高合金钢管的金相组织，有时会出现一些偏离典型组织的情况，例如 12Cr1MoVG 新钢管，有时发现组织中珠光体分散球化（见图 2-16），但拉伸强度、硬度仍然处于较好的水平。图 2-17 所示为某电厂 350MW 亚临界机组主蒸汽管道（17MPa/540℃）P91 钢制弯头母材的金相组织（在 530℃下运行 6 年），根本看不出马氏体形貌，但弯头化学成分符合 P91，硬度良好（209、210、224HBW）。经专家论证，结论：在金相异常点周边进一步进行多点金相组织及硬度检测，若检测

结果无变化，可正常参数运行，加强监督。图 2-18（a）所示为 T91 钢管金相组织，光学显微镜看不出明显的马氏体，但在透射电子显微镜下可看到明显的板条马氏体［见图 2-18（b）］。若按光学显微金相组织检测结果判断，工程中常出现难以判断的情况。

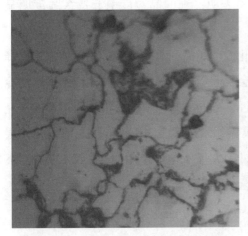

图 2-16　12Cr1MoVG 新钢管金相组织

图 2-17　P91 钢制弯头母材的金相组织

（a）光学显微镜观察

（b）透射电子显微镜观察

图 2-18　T91 钢管金相组织

晶粒度对材料性能的影响要考虑部件的服役条件，在室温下运行的部件，细晶粒可提高强度；在高温下服役的部件，粗晶有利于提高持久强度。因为晶界是材料的薄弱区域，高温下晶界原子迁移速度快，晶界损伤速率增大。相对于细晶粒，单位体积内粗晶的晶界面积小，相当于薄弱区小，故有利于提高高温强度。GB 5310—2008《高压锅炉用无缝钢管》中规定 HR3C（07Cr25Ni21NbN）钢的晶粒度为 4～7 级，但日本住友钢管公司供货的 HR3C 晶粒度多为 2～4 级，由此国内锅炉厂与住友公司协调，住友公司明确答复，HR3C 是住友研发的钢管，热处理工艺已经固化，若要满足 4～7 级晶粒度，则要适当降低固溶温度，固溶温度的降低会导致合金元素溶入基体不充分，从而导致持久强度降低，故 GB/T 5310—2023《高压锅炉用无缝钢管》将 HR3C 钢管的晶粒度调整为 2 ～ 7 级。国内曾有电厂要求 Super304H（10Cr18Ni9NbCu3BN）钢管的晶粒度为 9 ～ 10 级［GB/T 5310—2023《高压锅炉用无缝钢管》规定 6 ～ 10 级、ASTM A213 对 S30432（10Cr18Ni9NbCu3BN）无规定］。若要满足 9 ～ 10 级晶粒度，在钢管制造过程中往往要降低固溶温度，试验表明：细的晶粒度引起持久强度明显下降。

钢的晶粒度与奥氏体化温度相关，奥氏体化温度越高，晶粒越粗；奥氏体化温度降低，晶粒较小。在奥氏体化后的冷却过程中不会引起奥氏体晶粒大小的改变，不同的冷却速度会引起组织的粗细变化。对珠光体钢来说，不同的冷却速度获得不同粗细的珠光体（珠光体、屈氏体、索氏体），珠光体、屈氏体、索氏体表明了铁素体与渗碳体片层的粗细，不表明索氏体的晶粒比珠光体的晶粒小。对于火电机组用的 9% ～ 12%Cr、奥氏体耐热钢，若奥氏体化温度低，晶粒细小，合金元素不能充分溶入基体，会引起持久强度降低。

2. 部件尺寸的影响

部件尺寸越大，热处理淬火或正火时心部的冷却速度越小，有可能导致部件表面与心部性能的差异，特别对于汽轮机、发电机转子等直径较粗的部件。随着超超临界机组蒸汽温度、压力的提高，P92 钢制高温集箱、主蒸汽管道的壁厚增大，例如，某电厂 1000MW 机组主蒸汽管道壁厚达 123mm（ID343×123mm），高温再热器出口集箱壁厚达 135mm（ϕ864×135mm）。GB 50764—2012《电厂动力管道设计规范》和 DL/T 5366—2014《发电厂汽水管道应力计算技术规程》中符合 DIN EN 10216-2 的钢材许用应力表中，均限定 X10CrWMoVNb9-2（P92）钢管壁厚不大于 100mm，即规程中给出的 X10CrWMoVNb9-2（P92）钢管许用应力壁厚不应超过 100mm。查阅 DIN EN 10216-2，在表 5 "材料不同温度下的屈服强度" 中有壁厚不超过 100mm 的限定，但在附表 A.1 "材料的持久强度" 中并无壁厚限定。美国 ASME B31.1 动力管道（Power Piping）中对 P92 钢管的许用应力没有壁厚限定，GB/T 16507.2—2022《水管锅炉 第 2 部分：材料》中对 P92 集箱设计中许用应力也无壁厚限定。由图 2-13 所示的 P92 钢的等应力持久强度曲线可见，与壁厚 98mm 相比，壁厚 137mm 的持久强度没有降低，表明 P92 钢有很好的淬透性。

二、金属的蠕变与蠕变断裂试验

金属蠕变试验是在规定的试验条件（温度、应力）下用规定型式及几何尺寸的试样测定试样的蠕变变形与持久时间关系，试验期间每一试样保持温度与应力（载荷）恒定，故需在蠕变试样上安装引伸计（应变规）以测量试样的蠕变变形，主要目的是获得第Ⅱ阶段的蠕变速率，通常试样不需进行至断裂。

蠕变断裂试验是在规定的试验条件（温度、应力）下用规定型式及几何尺寸的试样测定试样的断裂时间，试验期间每一试样保持温度与应力（载荷）恒定，主要目的是获得材料的持久强度（蠕变断裂强度），试样上不需安装引伸计，试样需进行至断裂。

金属蠕变断裂试验可分为单轴拉伸蠕变试验和多轴拉伸蠕变试验，单轴拉伸蠕变试验机又分为单头和多头试验机，单头试验机仅可对一个试样进行试验，多头试验机可同时串联多于一个试样的试验，单轴拉伸蠕变也可采用不同直径的台阶试样。多轴应力蠕变试验机又可分为复合应力蠕变试验机（如双向拉伸蠕变试验机）和结构蠕变试验（如钢管内压下的蠕变爆破试验）。由于单轴拉伸蠕变试验简单，从而得到了最广泛的应用，迄今为止的大多数蠕变断裂试验基本采用单轴拉伸试验。

蠕变断裂试验基本分为两类：一类为采用一组试样，在恒定温度、不同应力（载荷）下进行试验，称为等温度试验；另一类为采用一组试样，在恒定应力（载荷）、不同温度下进行试验，称为等应力试验。目前国内外多采用等温度试验。对新研发的材料，通常要在几个温度、每一温度下对不同试样在不同应力下进行试验。美国材料试验协会 ASMT 规定，若新研发的材料要纳入 ASTM 标准，在试验温度下至少要有大于30000h 的蠕变断裂数据；对成熟材料或在役运行的部件取样，通常选服役温度、在该温度下用多试样在不同应力下进行试验。

世界工业发达的国家均有各自的材料蠕变试验标准，例如美国 ASTM E139《金属材料蠕变、蠕变断裂和应力断裂试验方法》（Standard test methods for conducting creep, creep-rupture, and stress-rupture tests of metallic materials）、欧盟的 BS EN 10291《金属材料.单向拉伸蠕变试验方法》（Metallic materials-uniaxial creep testing in tension-methods of test）、国际标准化组织 ISO（International Organization for Standardization）的 ISO 204《金属材料.单向拉伸蠕变试验方法》（Metallic materials-uniaxial creep testing in tension-methods of test）等。

20世纪80年代，我国制定了 GB 2039—1980《金属拉伸蠕变试验方法》和 GB 6395—1986《金属高温拉伸持久试验方法》，将蠕变试验与持久断裂试验分为两个标准。1977 年将 GB 2039—1980 和 GB 6395—1986 合并为一个标准，颁布实施 GB/T 2039—1997《金属拉伸蠕变及持久试验方法》，该标准等效采用 ISO 204—1997。2012、2024 年先后对 GB/T 2039—1997 再次进行修订。GB/T 2039—1997 与 GB/T 2039—2024《金属材料　单轴拉伸蠕变试验方法》的主要差异在于：

（1）GB/T 2039—1997 中将与蠕变速率相关的蠕变强度定义为蠕变极限，与断裂时间相关的蠕变断裂强度定义为持久强度极限，GB/T 2039—2024 分别将其定义为蠕变强度和蠕变断裂强度。

（2）GB/T 2039—1997 规定测定蠕变极限，需在 4 个以上适当的应力水平下进行，每个应力下进行 3 个试样的试验；测定持久强度极限，需在 5 个以上适当的应力水平下进行，每个应力下进行 3 个试样的试验。GB/T 2039—2024 中无此规定。

（3）GB/T 2039—1997 规定，外推蠕变断裂强度的时间不超过试样中最长试验时间的 10 倍；GB/T 2039—2024 中规定，外推蠕变断裂强度的时间通常不超过试样中最长试验时间的 3 倍。

相对于试验应力，火力发电厂高温部件的运行应力很低，故其蠕变速率很低，服役周期很长。因此，通常采用提高试验温度或应力，或试验温度、应力同时提高的方法加速蠕变以缩短试验时间，并根据等温线法、等应力法或 L-M 参数法，外推部件服役条件下的蠕变强度或持久强度。

三、影响蠕变试验结果的因素

文献［6］论述了蠕变试验温度、载荷、试样同心度、试样尺寸等偏差以及试样氧化对蠕变试验结果的影响，这些因素一方面会影响材料的性能，引起蠕变速率的增加，蠕变断裂寿命减小；另一方面影响试验结果的准确度。

（一）温度

蠕变试验温度的控制包括试验设定温度 T、仪表显示温度 T_i、试样长度方向的温度偏差、温度的波动等。GB/T 2039—2024 对蠕变试验的温度偏差规定见表 2-3。为了保证试验温度的准确，要定期对热电偶、补偿导线、接点、冷端、显示器或记录仪等进行校准。

表 2-3　　　　　　　　　　　蠕变试验的温度偏差

试验设定温度 T（℃）	T 与 T_i 允许偏差（℃）	试样长度方向温度最大允许偏差（℃）
$T \leqslant 600$	±3	3
$600 < T \leqslant 800$	±4	4
$800 < T \leqslant 1000$	±5	5

当蠕变过程遵循热激活理论时，温度波动 ΔT 对蠕变速度的相对变化率 $\dfrac{\Delta \dot{\varepsilon}}{\dot{\varepsilon}}$ 的影响

可用式（2-17）描述，表明蠕变速度的相对变化率$\frac{\Delta\dot{\varepsilon}}{\dot{\varepsilon}}$与温度波动成正比，与温度水平的平方成反比。

$$\frac{\Delta\dot{\varepsilon}}{\dot{\varepsilon}}=\frac{Q}{RT^2}\Delta T \tag{2-17}$$

温度波动除引起材料蠕变速度的相对变化率增大外，也会导致蠕变断裂寿命的减小。

（二）加载偏心度

单轴拉伸蠕变试样受力的轴线偏离试样中心轴线使试样受偏心加载，偏心加载会导致试样产生附加弯矩，引起蠕变速率增大，蠕变断裂时间减小，特别对缺口试样的影响明显大于光滑试样。

试样加载的偏心度与试验机加载装置的同轴度有关，GB/T 2039—2024规定，试验机加载装置的同轴度不应超过10%。对圆棒蠕变试样，其偏心度δ主要与偏心距e、试样直径d有关，即

$$\delta=8e/d \tag{2-18}$$

由式（2-18）可见，在试验机偏心距相同的条件下，ϕ5mm试样的偏心度是ϕ10mm试样的2倍。

（三）氧化

高温下的氧化会引起试样截面积减小，应力增大，应力的增量与氧化深度成正比，与试样直径成反比。另外，氧化会降低金属的热传导，使试样温度升高。试样应力增大与温度升高均会导致蠕变速率增大，蠕变断裂时间减少。文献［7］研究了2.25Cr-1Mo钢蠕变断裂试验过程中氧化与时间的关系，试样直径分别为10mm、6mm、4mm，试验温度为500～675℃，单个试样最长试验时间为130000h。根据试验结果，氧化层厚度x与温度T、时间t的关系可用式（2-19）描述，即

$$T(14.68+\lg t)=1.703\times10^4+1.693\times10^3(\lg x)+2.673\times10^2(\lg x)^2 \tag{2-19}$$

式中　T——绝对温度，K；

　　　t——试验时间，h。

根据式（2-19）计算的550℃/100000h的氧化层厚度为0.3mm，600℃/100000h的氧化层厚度为1.2mm。

图2-19示出了依据式（2-19）计算的氧化层厚度随温度、时间的变化曲线。图2-20示出了试样截面积随温度、时间的变化曲线。由图2-20可见，随着试验时间的延长，小直径试样的横截面积减小更快，故氧化使小试样的应力增长更快，其蠕变断裂时间更短。

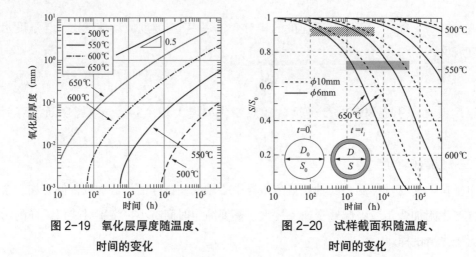

图 2-19 氧化层厚度随温度、
时间的变化

图 2-20 试样截面积随温度、
时间的变化

第三节 火电机组用耐热钢的持久强度

关于火电机组用耐热钢的蠕变断裂性能国内外进行了大量的试验研究，提供了大量持久强度、蠕变速率曲线。但这些曲线多数没提供拟合常数，所以不能较精确地用于部件寿命的定量计算，仅可进行部件寿命的粗略估算。本节收集了一些国内外火电机组用耐热钢的持久强度、L–M 参数方程、蠕变速率曲线，以期作为高温部件蠕变寿命估算的参考。

一、低合金耐热钢的持久强度

我国的次高压、高温 / 高压机组主蒸汽管道多选用 12CrMo（12MX）、15CrMo（15MX）、10CrMo910、12Cr1MoV（12X1MΦ）等低合金耐热钢。12MX 是苏联牌号，与 GB/T 5310 中的 12CrMoG，ASTM（美国材料试验协会）中的 T2/P2 钢的化学成分、力学性能相当，早期主要用在次高压火电机组（510℃ /9.8MPa）的主蒸汽管道和锅炉受热面管。12X1MΦ 系 20 世纪 50 年代引进苏联的牌号，英美西方国家无这一牌号；10CrMo910 与 ASTM 中的 T22/P22、GB/T 5310 中的 12Cr2MoG 钢的化学成分、力学性能相当。10CrMo910、12Cr1MoV 主要用于高温、高压火电机组（540℃ /9.8MPa）的主蒸汽管道和锅炉受热面管。20 世纪 70 年代后，国内外对这几种钢制主蒸汽管道进行了大量的蠕变断裂试验。表 2-4 列出了 12CrMo、10CrMo910、12Cr1MoV、15123.9（前捷克钢号，相当于 12CrMo）钢不同状态下的 k、m 值［k、m 值为按式（2–13）进行回归拟合所得］。

文献［8］对原户县热电厂运行 380000h 的 12MX（12CrMoG）钢制主蒸汽母管

（510℃/10.8MPa）割管进行蠕变断裂试验（试验温度510℃），采用式（2-13）拟合的应力－寿命关系为

$$\sigma=230.65\left(t_r\right)^{-0.08273} \tag{2-20}$$

由式（2-20）外推的510℃下10^5h的持久强度为89.0MPa，低于苏联标准提供的新材料持久强度（120MPa），GB/T 5310规定的新材料持久强度为95MPa。

图2-21示出了12MX（12CrMoG）钢制主蒸汽管道运行380000h的持久强度曲线，图2-21中同时示出了该条管道运行186000h和255756h取样进行的持久强度试验数值。由图2-21可见，尽管试验管道材料的运行时间差异很大，但持久强度数值无明显差异，可能与管道运行温度（510℃）、应力（环向应力为42.9MPa）水平较低、微观组织状态老化不很严重有关。图2-22所示为12MX钢管道运行380000h后的微观组织，可见珠光体形貌仍然很好。

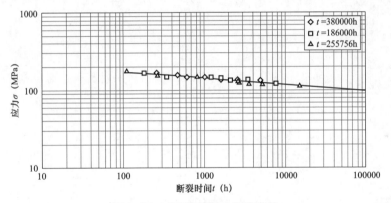

图2-21 12MX钢持久强度曲线

国内对运行不同时间的12Cr1MoV（12X1МΦ）钢制主蒸汽管道取样进行了大量的蠕变断裂试验（见表2-4），有不少是对运行管道的割管取样试验结果，其中运行时间最长（308000h）的是西固热电厂12X1МΦ钢制主蒸汽母管，在540℃下进行蠕变断裂试验[9]。根据式（2-13）拟合的应力－寿命关系为

$$\sigma=202.77\left(t_r\right)^{-0.0651} \tag{2-21}$$

由式（2-21）外推的10^5h持久强度为96.0MPa，低于GB/T 5310规定的新材料持久强度（124MPa）。

图2-23所示为12X1МΦ钢管道运行308000h后的微观组织，可见珠光体明显分散球化，球化级别多数为5级。

图2-24是根据12Cr1MoV钢大量的蠕变断裂试验结果拟合的L-M参数$[P(\sigma)-\sigma]$曲线。

表2—4

几种低合金耐热钢在不同状态下的 k、m 值

材料及状态	材料制造厂	服役参数 温度(℃)	服役参数 压力(MPa)	运行时间(h)	试验温度(℃)	试样数量(个)	最长试验点时间(h)	系数 k	指数 m
12MX 主蒸汽母管直管段	苏联	510	9.8	169461		8	5837.5	253.5	-0.07495
主蒸汽母管弯管				255756	510	6	＞6000	265.1	-0.07139
主蒸汽母管直管纵向				255756		9	15066	275.5	-0.09506
主蒸汽母管弯管纵向				261032		4	8379	278.0	-0.06620
主蒸汽母管弯管横向				261032		9	10663	282.4	-0.06801
12MX				0		9	4143.8	496.4	-0.06107
主蒸汽管监督段纵向	苏联	510	9.8	107675	510	10	15446.8	294.2	-0.07200
主蒸汽管监督段横向				107675		7	5681.6	282.2	-0.06514
主蒸汽管监督段焊缝				107675		8	4888	279.3	-0.07898
主蒸汽母管弯头				90329		8	3119.8	301.2	-0.04702
主蒸汽母管直管段				13700		10	3268.7	273.2	-0.07922
12MX 主蒸汽管弯管外弧纵向	苏联	510	9.9	207512.9	510	9	5960.6	292.9	-0.10458
主蒸汽管弯管外弧横向					510	8	14956.5	238.8	-0.08074
主蒸汽管弯管外弧横向					540	7	5012.5	266.3	-0.12320
主蒸汽管直段横向					510	10	7831.7	305.6	-0.09930
10CrMo910 主蒸汽管监督段	德国	540	9.8	35132	540	8	3993	252.9	-0.09007
主蒸汽管焊缝						8	4788.5	253.5	-0.09194

续表

材料及状态	材料制造厂	服役参数		运行时间（h）	试验温度（℃）	试样数量（个）	最长试验点时间（h）	系数 k	指数 m
		温度（℃）	压力（MPa）						
10CrMo910 主蒸汽监督段	德国	540	9.8	101557.4	540	6	＞10000	246.7	-0.10832
					560	6	＞10000	205.9	-0.10293
10CrMo910 主蒸汽直管段	德国	540	9.8	106000	540	10	16529	227.4	-0.01035
主蒸汽弯管段						10	14188.4	237.4	-0.10284
10CrMo910 主蒸汽母管	德国	540	9.8	106592	540	5	8277	226.1	-0.09140
主蒸汽管焊缝						9	6488.5	176.0	-0.05531
12CrlMoV（12Х1МФ）主蒸汽管监督段	苏联	540	9.8	54849	540	12	＞7071	292.6	-0.09524
12CrlMoV（12Х1МФ）主蒸汽管监督段				106000		20	7071	234.0	-0.06421
12CrlMoV（12Х1МФ）主蒸汽管监督段	苏联	510	9.8	90000	540	7	4517	238.5	-0.06918
主蒸汽管弯头				110660		8	2614.3	234.1	-0.06747
炉侧主蒸汽管道				140690		8	12343.6	225.6	-0.05835
机侧主蒸汽管道				170548		7	18024.2	248.5	-0.06142
12CrlMoV（12Х1МФ）主蒸汽管监督段	苏联	540	9.8	101794	540	9	4634.2	227.1	-0.06216
12CrlMoV（12Х1МФ）主蒸汽管监督段				154539		7	6048.3	234.1	-0.06752
12CrlMoV（12Х1МФ）主蒸汽管监督段	苏联	540	9.8	153291	540	7	10395	146.5	-0.03954
主蒸汽管焊缝						8	＞13428	250.9	-0.1100

续表

材料及状态	材料制造厂	服役参数		运行时间（h）	试验温度（℃）	试样数量（个）	最长试验点时间（h）	系数 k	指数 m
		温度（℃）	压力（MPa）						
12Cr1MoV（12X1MΦ）主蒸汽母管	苏联	540	9.8	308000	540	9	>11223	202.77	−0.0651
12Cr1MoV	日本			0	510	6	6164	478.7	−0.10320
					540	5	6007.4	389.8	−0.10521
					570	6	8422	277.2	−0.09340
12Cr1MoV 主蒸汽管直段心部 外壁	德国			0	540	10	9723.4	418.9	−0.12704
内壁					540	6	10138.6	395.1	−0.09516
						6	11090.8	401.8	−0.09977
12Cr1MoV 主蒸汽管直段心部 外壁	德国			0	540	8	12618.2	472.5	−0.13117
内壁					540	8	14882.6	395.4	−0.10659
						8	10321.8	458.7	−0.12485
12Cr1MoV 主蒸汽管直段心部	德国			0	580	7	7027.8	276.2	−0.11068
					610	7	4266.1	227.8	−0.12070
12Cr1MoV 主蒸汽管直段心部	德国			0	580	7	4978.7	337.7	−0.13744
					610	7	3422.2	259.8	−0.14565
12Cr1MoV 爆管试验	日本	540	9.02	106728	570	8	2256	141.9	−0.06615

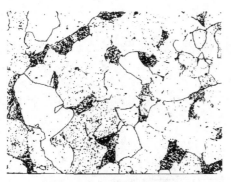

图 2-22　12MX 钢管道运行
380000h 后的微观组织

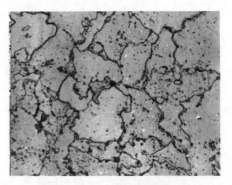

图 2-23　12X1MΦ 钢管道运行
308000h 后的微观组织

国内也对运行不同时间的 2.25Cr1Mo（10CrMo910、P22）钢制主蒸汽管道取样进行了大量的蠕变断裂试验，但相对于国外的试验数据，国内的持久断裂时间较短。工程中使用的 2.25Cr1Mo 钢有两种热处理工艺，美国钢管采用的是等温退火，金相组织为铁素体 + 珠光体，欧洲和中国采用正火 + 回火，金相组织为铁素体 + 贝氏体或铁素体 + 珠光体。试验表明：在 565℃以下、10^5h 之内，贝氏体的持久强度高于铁素体 + 珠光体；超过 565℃、10^5h，铁素体 + 珠光体的持久强度高于贝氏体[10]。图 2-25 所示为文献 [11] 提供的 10CrMo910 钢的 L-M 参数曲线。

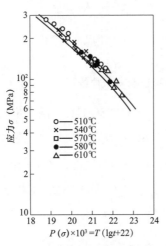

图 2-24　12Cr1MoV 钢的
L-M 参数曲线

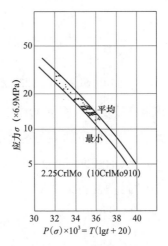

图 2-25　10CrMo910 钢的
L-M 参数曲线

图 2-26 所示为文献 [10] 提供的 T22/P22（2.25Cr1Mo、10CrMo910）钢的 L-M 参数曲线，L-M 参数的方程见式（2-22），由式（2-22）可见，材料的 L-M 参数与抗拉强度（σ_b）密切相关。

$$LMP=40975+57（\sigma_b）-5225（lg\sigma）-2450（lg\sigma）^2 \qquad （2-22）$$

$$LMP=（T+460）（20+lgt）$$

式中　σ_b —— 室温抗拉强度，psi（psi=0.00689MPa）；

　　　σ —— 应力，psi；

　　　T —— 华氏温度，℉；

　　　t —— 时间，h。

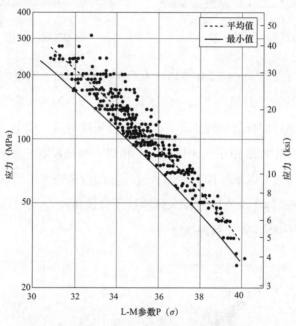

图 2-26　T22/P22 钢的 L-M 参数曲线

ECCC（欧洲蠕变委员会）根据 11CrMo9-10+NT（2.25Cr1Mo）钢大量的蠕变断裂试验结果，不同温度、不同时间下的持久强度见表 2-5，绘制的 11CrMo9-10+NT（2.25Cr1Mo）钢的应力 - 温度 - 寿命曲线见图 2-27[12]。11CrMo9-10+NT 为正火 + 回火的 2.25Cr1Mo 钢，其成分、性能与中国的 12Cr2MoG 基本一致，成分与美国的 T22/P22 相当，但屈服强度高于 T22/P22，抗拉强度相近。

表 2-5　　　　　2.25Cr1Mo 钢不同温度、不同时间下的持久强度

时间（h） 温度（℃）	10000 （N/mm²）	100000 （N/mm²）	200000 （N/mm²）	250000 （N/mm²）
500	195	141	124	118
510	176	124	108	103
520	158	108	94	88

续表

时间（h）温度（℃）	10000（N/mm²）	100000（N/mm²）	200000（N/mm²）	250000（N/mm²）
530	142	95	80	76
540	126	81	68	64
550	111	70	57	54
560	99	61	49	46
570	88	53	43	40
580	78	46	38	34

注 1N/mm²=1MPa。

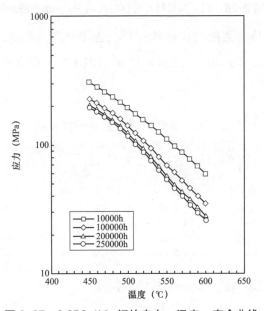

图 2-27　2.25Cr1Mo 钢的应力 – 温度 – 寿命曲线

图 2-28 所示为文献［10］提供的 T22/P22 钢母材与焊接接头的 L-M 参数曲线的比较。试验结果表明：断裂时间小于 3000h，焊接接头的蠕变寿命与母材相近；在长寿命阶段，焊接接头的蠕变寿命低于母材的下限，损伤在热影响区（HAZ）。焊接接头持久强度的 L-M 参数为

$$LMP=（T+460）（15+\lg t）\tag{2-23}$$

式中　T——华氏温度，℉；

　　　t——时间，h。

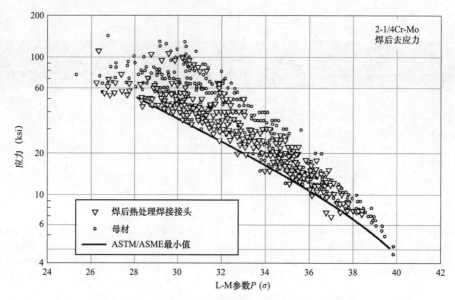

图 2-28　T22 钢母材与焊接接头的 $P(\sigma)-\sigma$ 曲线比较

　　焊接接头与母材持久强度之比值称作持久强度减弱系数 R，R 与材料、试验温度及试验时间有关。表 2-6 示出了 2.25Cr–1Mo（T22/P22）钢常见服役温度下焊接接头的 R。

表 2-6　　　　　　　　2.25Cr-1Mo 钢常见服役温度焊接接头的 R

时间（h） 温度（℃）	3000	10000	30000	100000	300000
538	1.00	1.00	0.98	0.96	0.93
566	1.00	0.98	0.95	0.91	0.87

二、9%～12%Cr 马氏体耐热钢的持久强度

　　自 2000 年开始，我国大量超（超）临界机组相继投运，主蒸汽管道、高温再热蒸汽管道多选用 9%Cr 的 P91、P92 钢，过热器、再热器管根据服役温度选用 T91、T92。国内外对 T91/P91（10Cr9Mo1VNbN）、T92/P92（10Cr9MoW2VNbBN）钢的蠕变断裂性能进行了大量的试验研究，表 2-7 列出了 T91/P91、T92/P92 以及 X20CrMoV121（F11）钢在不同状态下的 k、m 值，k、m 值为按式（2-13）进行回归拟合所得。

表2-7 T91/P91、T92/P92以及×20GrMoV121（F11）钢在不同状态下的 k、m 值

材料	材料制造厂	服役参数			试验温度（℃）	试样数量（个）	最长试验点时间（h）	系数 k	指数 m
		温度（℃）	压力（MPa）	运行时间（h）					
T91高温过热器管（T91–T91焊管）爆管试验	日本川崎			0	630	7	＞16000	256.0	−0.10972
T91–G102焊管爆管试验				0	610	5	＜11000	281.0	−0.09884
P91母材				0	550			258.5	−0.0522
					575			270.1	−0.0844
P91母材 φ273×40mm	住友			0	550			258.5	−0.05221
					575			270.1	−0.08444
P91焊接接头 焊后760℃保温2h炉冷	住友			0	550			251.0	−0.0564
					575			231.3	−0.0726
P91焊接接头 焊后760℃保温6h炉冷				0	565		4109	315.0	−0.0672
P91焊接接头 φ273×40mm	住友			0	550			251.0	−0.05642
					575			231.3	−0.07261
P91（φ497×108mm）	北方重工			0	550	15	24379	348.0	−0.066
P91（φ610×70mm）	浙江钢管			0	600	14	10056	252.6	−0.081
				0	600	5	10484	290.0	−0.094

续表

材料	材料制造厂	服役参数		运行时间（h）	试验温度（℃）	试样数量（个）	最长试验点时间（h）	系数 k	指数 m
		温度（℃）	压力（MPa）						
P91（φ219.1×25.4mm）	大冶特钢			0	600	5	31912	242.8	-0.0657
P91（φ610×45mm）	诚德钢管			0	600	16	83042	312.7	-0.10
P91（φ508×78mm）	三洲钢管			0	600	14	12917	251.2	-0.09
P91（φ711×90mm）	龙川钢管			0	600	10	>9360	240.0	-0.07
P91 母材 西固热电厂	法国瓦鲁瑞克	565	13.7	30000	565	8	4376	323.5	-0.0699
P91 焊接接头 焊后780℃保温1.5h 自冷 西固热电厂	①	565	13.7	30000	565	7	8024	294.9	-0.0754
	②	565	13.7	30000	565	8	9150	263.6	-0.0923
P91 焊接接头	—	540	10.21	27300	540	10	>10235	389.3	-0.0620
P91 母材（147～161HBHLD）	—	568	3.35	27300	568	8	6432	224.2	-0.0750
P91 焊接接头 φ457.2×45.0mm	—	54.8	17.39	102838	541	10	10963	378.1	-0.0760
P92（φ462×96mm）	北方重工			0	580	11	7056	278.5	-0.050
					600	12	20548	261.9	-0.063
					620	12	26290	230.4	-0.070
P92（φ781×58mm）	浙江钢管			0	625	6	10722	338.8	-0.1137

续表

材料	材料制造厂	服役参数 温度（℃）	服役参数 压力（MPa）	运行时间（h）	试验温度（℃）	试样数量（个）	最长试验点时间（h）	系数 k	指数 m
P92（φ406×65mm）	大冶特钢			0	625	12	30350	228.7	-0.0758
P92（φ812.8×40mm）	武汉重工			0	625	7	24028	233.2	-0.080
P92（φ315×40mm）	新日铁公司			0	600	9	34639	297.9	-0.0795
P92（φ318.5×50mm）	新日铁公司			0	650	9	45656	400.4	-0.1753
				0	600	10	49159	309.8	-0.0833
				0	650	10	55123	187.8	-0.0928
P92（φ323×60mm）	V&M 公司			0	600	8	57042	348.9	-0.1001
				0	650	8	57715	408.2	-0.1771
P92（φ610×102mm）	诚德钢管				625	16	42791	225.0	-0.06
P92（φ559×105mm）	龙川钢管			0	625	9	11253	228.6	-0.07
F11（X20CrMoWV121）					540	13	6133	363.3	-0.0659
					555	11	3145	319.8	-0.0657
					570	18	7858	288.7	-0.0706
T92（φ54×5mm）	常宝钢管			0	625	8	>10600	224.42	-0.0728

① 该组试样硬度较高，为275HBW。

② 该组试样硬度较低，为174HBW。

（一）T91/P91 钢的持久强度

图 2-29 示出了 V-M（ALLOUREC & MANNESMANN TUBES- 瓦卢瑞克 – 曼内斯曼钢管）公司编写的 T91/P91 手册中提供的 T91/P91 钢的持久强度曲线[13]，图 2-30 示出了运行 30000h 的 P91 主蒸汽管道（565℃/13.7MPa）的持久强度曲线，图 2-30 中还示出了高硬度焊缝（275HBW）与低硬度焊缝（174HBW）焊接接头的持久强度曲线，曲线的 k、m 值在表 2-7 中示出。

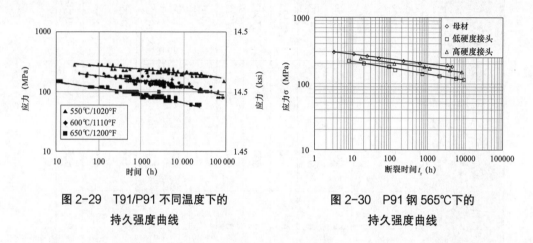

图 2-29　T91/P91 不同温度下的
持久强度曲线

图 2-30　P91 钢 565℃下的
持久强度曲线

图 2-31 ~ 图 2-33 示出了 91 级钢的 L-M 参数曲线，图 2-31 为 V-M 公司编写的 T91/P91 手册中提供的 T91/P91 钢 L-M 参数曲线，图 2-33 为 EPRI（美国电力科学研究院）关于 P91 管道上硬度较低的软区对蠕变寿命的影响研究报告中提供的曲线，图 2-33 中还给出了低硬度（性能接近 P22 钢）的 P91 钢的曲线[4]。

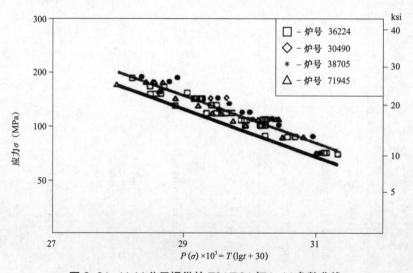

图 2-31　V-M 公司提供的 T91/P91 钢 L-M 参数曲线

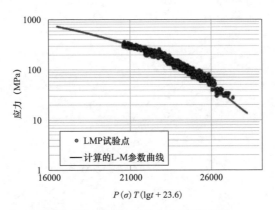

图 2-32　Gr.91 钢的 L-M 参数曲线

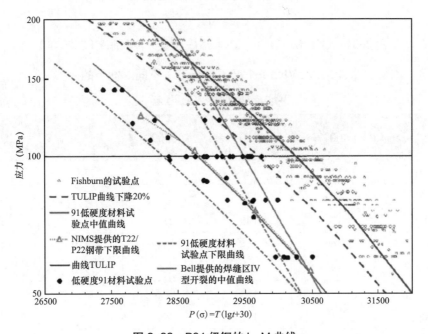

图 2-33　P91 级钢的 L-M 曲线

ECCC（欧洲蠕变委员会）、NIMS（National Institute for Materials Science- 日本国立材料研究所）对 T91/P91 钢进行了大量的蠕变断裂试验，根据试验结果，ECCC 绘制了 X10CrMoVNb9-1（T91/P91）钢的应力 - 温度 - 寿命曲线（见图 2-34），不同温度、不同时间下的平均持久强度见表 2-8，相对于 ECCC—2009 年的数据（见表 2-9），可见 91 级钢的持久强度有所下调。美国 ASME 锅炉压力容器规范（BPVC.II.D.M—2019）第 I、III、VIII和XII部分（Section I、Section III、Section VIII、Section XII）中相应地也下调了 T91/P91 钢的许用应力，也即下调了 T91/P91 钢的持久强度（见表 2-10）。比较表 2-8 和表 2-10，可见 ASME 提供的持久强度略低于 ECCC 的数值。

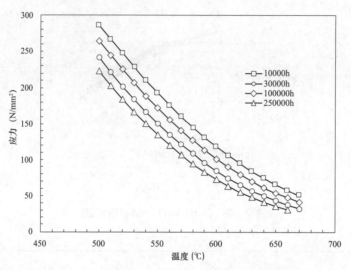

图 2-34　X10CrMoVNb9-1 钢的应力 - 温度 - 寿命曲线（2020 年）

表 2-8　　　　　　X10CrMoVNb9-1 钢不同温度、不同时间下的

平均持久强度（2020 年）　　　　　　　　　　　N/mm²

时间（h）温度（℃）	10000	30000	100000	200000	250000
540	210	189	167	155	151
550	193	172	151	139	135
560	176	156	135	124	120
570	160	141	121	110	107
580	145	127	108	97.5	94.4
590	131	113	95.5	85.9	83.0
600	118	101	84.2	75.4	72.7

表 2-9　X10CrMoVNb9-1 钢不同温度、不同时间下的平均持久强度（2017 年）

时间（h）温度（℃）	10000（N/mm²）	30000（N/mm²）	100000（N/mm²）	200000（N/mm²）
540	216	200	182	170
550	200	183	164	153
560	183	167	148	136
570	167	151	132	121
580	152	135	117	106
590	137	120	103	93
600	122	107	90	81

表 2-10   ASME BPVC.Ⅱ.D.M-2019 中提供的 Gr91 钢许用应力   MPa

材料	管道或板壁厚	550℃		575℃		600℃		625℃	
		许用应力	10^5h 持久强度	许用应力	10^5h 持久强度	许用应力	10^5h 持久强度	许用应力	10^5h 持久强度
ASME—2017	≤ 75mm	107	161.0	88.5	132.8	65.0	97.5	45.5	68.3
	> 75mm	103	155.0	80.6	121.0	61.6	92.4	45.7	68.6
ASME—2019 91-Type1		98.5	147.8	75.5	113.3	54.3	81.5	36.8	55.2
ASME—2019 91-Type2		102	132.0	78.2	117.3	57.6	86.4	39.2	58.8

ECCC—2020 中 T91/P91 钢持久强度的 L-M 参数方程为

T（$\lg t$+26.65915109）

=44435.62768-18680.00727×$\lg\sigma$+8843.194375×（$\lg\sigma$）^{2}-1902.607713×（$\lg\sigma$）^{3}

（2-24）

式中 t ——断裂时间，h；

σ ——应力，MPa；

T ——绝对温度，K。

根据表 2-8 中的数据，可依据计算的管道环向应力、运行温度，粗略估算管道的运行寿命。

T91/P91 钢的许用应力的下调（也即持久强度下调），主要是随着蠕变断裂试验样本的增大进行统计分析的结果。许用应力的下调对新机组蒸汽管道的设计，意味着壁厚增加；对于在役运行的机组，持久强度的下降意味着管道蠕变寿命的降低，若蒸汽管道服役温度下的应力远低于对应温度下的持久强度，可进行蠕变寿命评估校核。若有足够长的蠕变寿命，则许用应力的下调对服役管道的影响可忽略。

图 2-35 示出了 P91 钢焊接接头持久强度与母材的差异，由图 2-35 可见：焊接接头的持久强度处于母材持久强度下限或略低于母材，焊缝热影响区为最弱的区域。表 2-11 列出了 P91 钢焊接接头持久强度减弱系数 R。由表 2-11 可见，R 随着温度的升高和时间的延长而降低，特别是在温度 600℃以上。工程中偏于保守考虑，R 取 0.8。

表 2-11　　　　　　P91 钢焊接接头持久强度减弱系数 R

温度（℃） \ 时间（h）	100	300	1000	3000	10000	30000	100000	300000
427	1.0	1.0	1.0	1.0	1.0	1.0	1.0	1.0
538	0.93	0.93	0.93	0.92	0.91	0.91	0.90	0.89
567	0.92	0.92	0.91	0.91	0.90	0.89	0.88	0.86
593	0.91	0.90	0.89	0.89	0.88	0.86	0.85	0.84
621	0.89	0.88	0.88	0.87	0.85	0.82	0.81	0.79

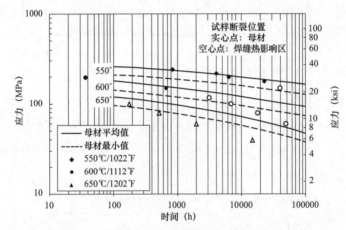

图 2-35　V-M 公司 P91 钢焊接接头的持久强度曲线

　　冷变形对 T91/P91 钢的持久强度和蠕变断裂寿命有大的影响，表 2-12 示出了冷变形对 T91/P91 钢蠕变断裂寿命的影响。由表 2-12 可见，若变形度达 20%，T91/P91 钢的蠕变断裂寿命下降约 50%；若变形度达 20%，即使经过 732℃/30min 或 774℃/60min 回火，其蠕变断裂寿命相对于未变形母材下降 25%～36%；若变形度达 25%，即使经过 732℃/30min 或 774℃/60min 回火，其蠕变断裂寿命相对于未变形母材下降 60% 以上。故对冷变形度达 20% 的 T91/P91 钢制部件，应进行正火 + 回火处理。

表 2-12　　　　　　冷变形对 T91/P91 钢蠕变断裂寿命的影响

试样状态	硬度（HBW）	硬度差（HBW）	蠕变断裂寿命下降（%）相对于母材	相对于平均值
母材	218	0	0	−16～+144
10% 冷变形	220	2	−49～0	−18～−7
20% 冷变形	228	10	−54～−46	−50～−42

续表

试样状态	硬度（HBW）	硬度差（HBW）	蠕变断裂寿命下降（%）	
			相对于母材	相对于平均值
30% 冷变形	240	22	−80～−59	−75～−62
15% 冷变形 +732℃/30min 回火	223	5	−5	+18
15% 冷变形 +774℃/60min 回火	206	−12	−25	−6
20% 冷变形 +732℃/30min 回火	224	6	−36	−20
20% 冷变形 +774℃/60min 回火	212	−6	−25	−7
25% 冷变形 +732℃/30min 回火	225	7	−65	−56
25% 冷变形 +774℃/60min 回火	210	−8	−60	−50

国内对国产 P91 钢管的蠕变断裂性能也进行了大量试验研究，图 2-36 示出了扬州诚德钢管厂对国产 P91 钢管（$\phi 610 \times 45$mm）在 600℃下的持久强度曲线，试样取自连铸坯制作的钢管壁厚的 1/2 处，最长断裂时间已达 83000 多小时（600℃/90MPa，该试样 2022 年 8 月底尚未断裂），还有 68757h、50390h、30006h、266614h、20219h 等试验点。根据目前的试验数值，外推 600℃下 10 万 h 的持久强度为 98.9MPa。

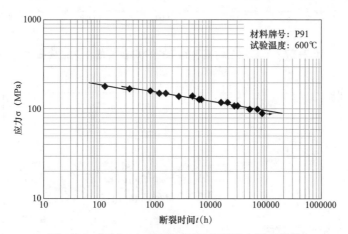

图 2-36　国产 P91 钢管 600℃下的持久强度曲线

表 2-13 示出了国产 P91 钢管 600℃下 10^5h 持久强度与相关标准的比较，由表 2-13 可见，国产 P91 钢管 600℃下 10^5h 的持久强度高于美国 ASME、欧洲 DIN EN 10216-2 和 GB/T 5310 的推荐值。

表 2-13   国产 P91 钢管 600℃下 10^5h 的持久强度与相关标准的比较

数据来源	国内 B 厂 $\phi497 \times 108$	国内 C 厂 $\phi610 \times 45$	国内 L 厂 $\phi711 \times 90$	国内 Z 厂 $\phi610 \times 70$	美国 ASME-Ⅱ-D	欧洲 DIN EN 10216-2	中国 GB/T 5310
持久强度（MPa）	99.3	98.9	107.2	98.3	81.5	84.2	93

（二）T92/P92 钢的持久强度

图 2-37、图 2-38 示出了新日铁公司、V-M 公司提供的 T92/P92 钢管的持久强度曲线。

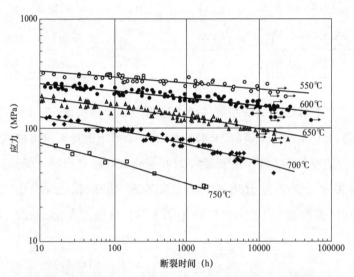

图 2-37   新日铁公司提供的 T92/P92 钢管的持久强度曲线

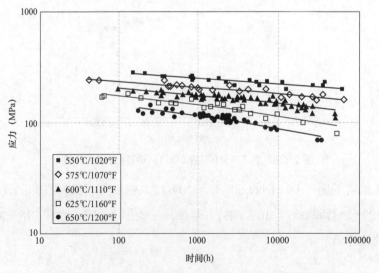

图 2-38   V-M 公司提供的 T92/P92 钢的持久强度曲线

图 2-39 ～图 2-41 分别示出了 V-M 公司、新日铁公司和 ASME 20-651 工作组提供的 T92/P92 钢的 L-M 参数曲线。

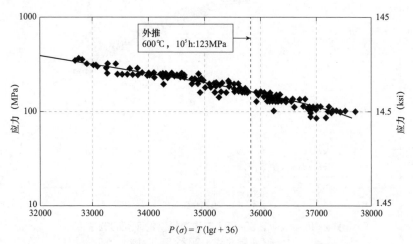

图 2-39　V-M 公司提供的 T92/P92 钢的 L-M 参数曲线

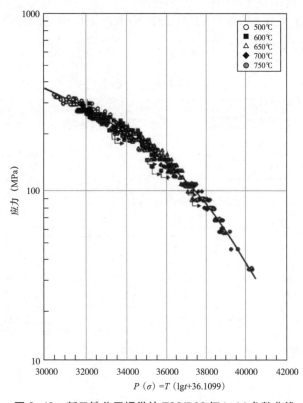

图 2-40　新日铁公司提供的 T92/P92 钢 L-M 参数曲线

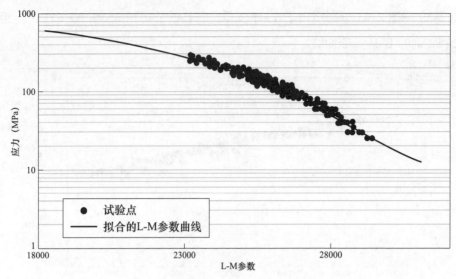

图 2-41　ASME 20-651 工作组提供的 T92/P92 钢的
L-M 参数曲线（2021 年 5 月）

　　表 2-14 示出了 ECCC Data Sheet-2017 和日本经济产业省原子力安全保安院 -2007 提供的 T92/P92 钢持久强度参数公式，ASME 20-651 工作组提供的最新 T92/P92 钢 L-M 参数方程见式（2-25）。

表 2-14　　　　　　　　　　　　T92/P92 钢持久强度参数公式

序号	公式	备注
1	$t_r = \exp\{[a_0 + a_1(\lg\sigma) + a_2(\lg\sigma)^2 + a_3(\lg\sigma)^3 + a_4(\lg\sigma)^4] \times (T-500) + C\}$	ECCC Data Sheet—2017
2	$\lg t_r = a_0/T - C + a_1/T(\lg\sigma) + a_2/T(\lg\sigma)^2 - 2.33S$	日本经济产业省 原子力安全保安院—2007

序号	a_0	a_1	a_2	a_3	a_4	C	S
1	−0.921 890616	1.942 11233	−1.6288 4569	0.60396 6355	−.0846 5305	40.512 0506	
2	29951.9	1688.9	−1734.26			24.84	0.122

式中　t_r——断裂时间，h；

　　　σ——应力，MPa；

　　　T——绝对温度，K。

　　$T(\lg t + 25.18152814)$

　　$= 50910.23483 - 33460.64605 \times \lg\sigma + 18051.99489 \times (\lg\sigma)^2 - 3695.118 \times (\lg\sigma)^3$

（2-25）

式中　t ——断裂时间，h；

　　　σ ——应力，MPa；

　　　T ——绝对温度，K。

表 2-15 列出了 ECCC 关于 Gr92 钢的应力 – 温度 – 断裂时间数值，与 2017 年的数据相比，2020 年的数据表中增添了 250000h 对应的应力 – 温度。原表中的温度范围为 520 ~ 650℃，这里摘取与 Gr.92 钢实际服役温度相近的一些温度数据。根据表 2-15，可依据管道的环向应力、运行温度，粗略估算管道的运行寿命。

表 2-15　　ECCC 关于 Gr92 钢的应力 – 温度 – 寿命（2020 年）　　　　MPa

时间（h）温度（℃）	10000	30000	100000	200000	250000
590	167	148	127	115	110*
600	153	134	113	101	96*
610	139	121	100	88	84*
620	126	107	87	76	72*
630	113	95	75	65	62*

注　除标识星号的数据，其他数据外推时间均小于最长试验时间的 3 倍。

与 T91/P91 钢的焊接接头特性相似，T92/P92 钢的焊接接头在紧邻母材热影响区（HAZ）的细晶带也存在硬度较低的软化区，该软化区控制着焊缝的持久强度，在该区域易产生Ⅳ型蠕变裂纹。图 2-42 示出了 T92/P92 钢的焊接接头在 550、600、650℃ 下的持久强度曲线。图 2-42 中实线表示母材的持久强度，空心数据点表示焊接接头的持久强度，实心点表示断在母材，空心点表示断在热影响区（HAZ）。由图 2-42 可见：在 550℃ 下，焊接接头的持久强度与母材相当；600℃ 下，当试验时间超过 5000h 后，焊接接头的持久强度开始低于母材；当温度升到 650℃，到 500h 时焊接接头的持久强度就开始低于母材，超过 3000h 后，降幅就十分明显，焊接接头的持久强度为母材的 75% ~ 80%。因此，焊接接头的持久强度比母材更依赖于应力和温度。温度越高，焊接接头的持久强度低于母材的现象发生的越早，降低的幅度也越大。

图 2-43、图 2-44 示出了 T92/P92 焊接接头持久强度的 L–M 参数曲线，由图 2-43 可见：在 120MPa 以下，焊接接头的断裂位置从母材向焊缝和热影响区转移。值得注意的是，不同试验结果拟合的 L–M 参数中的 C 值有所不同，而 C 值对寿命计算有大的影响，故要根据部件的服役参数、运行历程选用合适的 L–M 参数曲线。

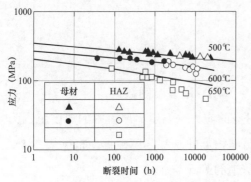

图 2-42　T92/P92 钢焊接接头的持久强度曲线

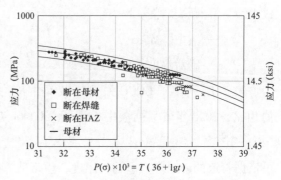

图 2-43　P92 钢焊接接头的 L-M 参数曲线

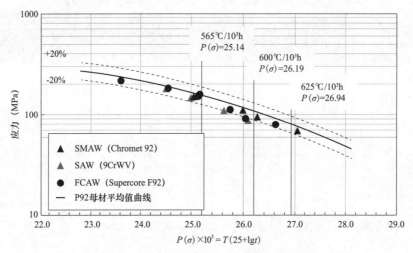

图 2-44　P92 钢焊接接头的 L-M 参数曲线

　　表 2-16 和图 2-45、图 2-46 表明了 δ 铁素体含量对 P92 钢的拉伸强度、硬度和持久强度的影响[14]，由表 2-16 和图 2-45、图 2-46 可见：δ 铁素体含量达 6.7%，材料的拉伸强度、硬度仍处于较高的水平；即使 δ 铁素体含量达 8%，材料的持久强度仍处于较高的水平。

表 2-16　　　　　　　　　　　δ 铁素体含量对钢的强度、硬度的影响

试样号	δ 铁素体量（%）	硬度 HV₃₀	屈服强度（MPa）	抗拉强度（MPa）
5301	0.7	238	595	726
5302	6.7	241	612	761
5303	0.3	247	635	777
5304	3.9	243	602	745

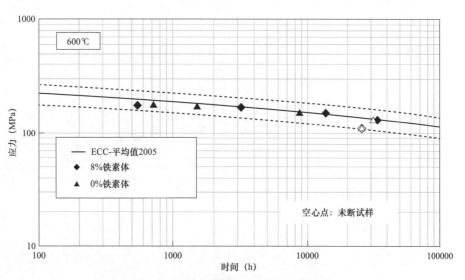

图 2-45　δ 铁素体含量对 P92 钢持久强度的影响

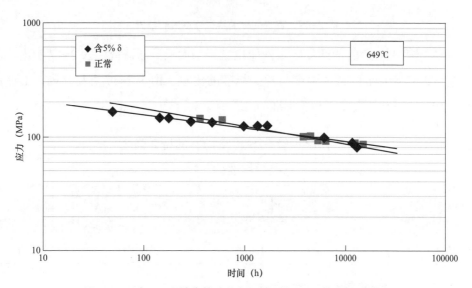

图 2-46　含 5% δ 铁素体组织与正常组织 T92 持久强度对比

T92/P92 钢管的热加工温度范围为 850～1100℃。热轧、热压一般在上限温度区间（950～1100℃），而热弯在下限温度区间，但热弯还应考虑弯管的 R/D（R—弯曲半径，D—管子外直径），当 R/D 较小时应适当提高温度。

管子热弯后应在 1050℃下，按 1min/mm 加热正火，然后在 760℃左右按 2min/mm 回火后空冷。图 2-47 示出了弯管试样（取自外弧侧和内弧侧）625℃下的持久强度试验结果。由图 2-47 可见：弯管试样的持久强度处于母材的平均持久强度范围内，且外弧、内弧侧试样持久强度无明显差异。

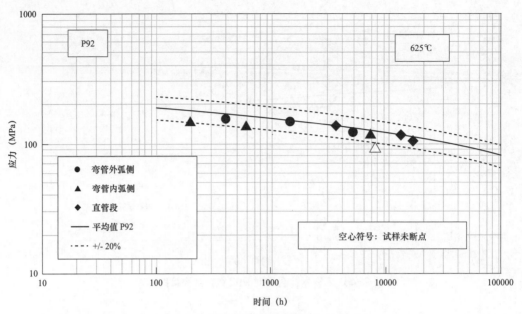

图 2-47　弯管试样的持久强度试验结果

国内对国产 P92 钢管的蠕变断裂性能也进行了大量试验研究。表 2-17 示出了国产 P92 钢管 625℃下 10^5h 的持久强度与相关标准的比较，由表 2-17 可见，国产 P92 钢管 625℃下 10^5h 的持久强度高于相关标准的推荐值。

表 2-17　　　　　国产 P92 钢管 625℃下 10^5h 的持久强度
与相关标准的比较

国内 A 厂	国内 B 厂	ASME CODE CASE 2179-8	DIN EN 10216-2	GB/T 5310
99.3MPa	99.6MPa	85MPa	81MPa	85MPa

三、奥氏体耐热钢的持久强度

超（超）临界锅炉高温受热面管多采用TP304H（07Cr19Ni10）、TP347H（07Cr18Ni11Nb）及 TP347HFG（08Cr18Ni11NbFG）、HR3C（07Cr25Ni21NbN）、Super304H（10Cr18Ni9NbCu3BN）等奥氏体耐热钢管，国内外对奥氏体耐热钢管蠕变断裂性能、抗蒸汽氧化性能和老化损伤规律等进行了大量的试验研究，为受热面管的安全使用提供了重要的技术基础。表 2-18 列出了不同制造商生产的Super304H、HR3C 奥氏体耐热钢原始管材的 k、m 值，k、m 值为按式（2-13）进行回归拟合所得。

表 2-18　　　　　　　　　奥氏体耐热钢不同状态下的 k、m 值

材料	钢管制造厂	试验温度（℃）	试样数量（个）	最长试验点时间（h）	系数 k	指数 m
10Cr18NiGNbCuBN（Super304H）	宝山钢铁	700			426.4	−0.1501
		675			488.1	−0.1337
		650			521.3	−0.1187
		625			700.7	−0.1326
10Cr18Ni9NbCuBN（Super304H）	久立特材	650			467.76	−0.1173
10Cr18Ni9NbCuBN（Super304H）$\phi45 \times 7.5$mm	武进不锈	700	8	12139	466.77	−0.1566
10Cr18Ni9NbCuBN（Super304H）$\phi51 \times 8.5$mmϕ 60.3 × 8.5mm	华新管业（东锅试验）	700			568.5	−0.18284
10Cr18Ni9NbCuBN（Super304H）$\phi51 \times 8.5$mmϕ 57 × 6.5mm	华新管业（哈锅试验）	650			558.9	−0.13161
07Cr25Ni12NbN（HR3C）$\phi50.8 \times 12$mm	武进不锈	650	8	8437	605.87	−0.14827
07Cr25Ni12NbN（HR3C）	宝山钢铁	650			916.05	−0.1805

（一）TP347HFG 的持久强度

在 620 ～ 660℃范围，TP347HFG 钢 10^5h 的持久强度比 TP347H 高约 20%以上。图 2-48 示出了 TP347HFG 的持久强度曲线。图 2-49 所示为 TP347HFG 和 TP347H 钢的最小蠕变速率与应力曲线，由图 2-49 可见，在相同的应力、温度下 TP347HFG 的最小蠕变速率明显低于 TP347H。

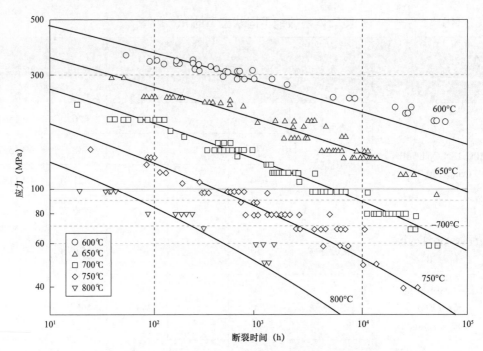

图 2-48　TP347HFG 的持久强度曲线（住友）

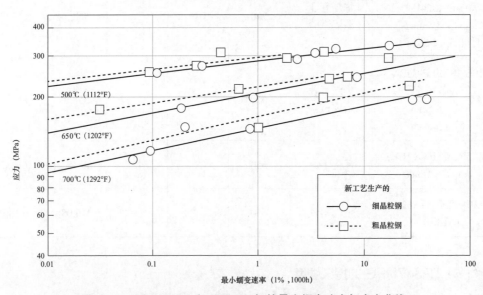

图 2-49　TP347HFG 和 TP347H 钢的最小蠕变速率与应力曲线

（二）Super304H 的持久强度

图 2-50 示出了 Super304H 的持久强度曲线，图 2-51 所示为服役 2.5 年 Super304H 钢制过热器、再热器取样管的持久强度曲线，比较图 2-50、图 2-51 可见：与原始管相比，服役 2.5 年后取样管的持久强度无明显下降。图 2-52 示出了 ENiCrFe-3 和 ERNiCr-3 镍基合金焊材与母材持久强度的比较。由图 2-52 可见：ENiCrFe-3 和 ERNiCr-3 镍基合金焊材的持久强度低于母材[15]。

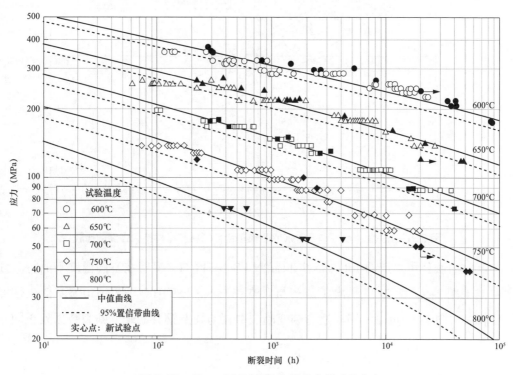

图 2-50　Super304H 的持久强度曲线（住友）

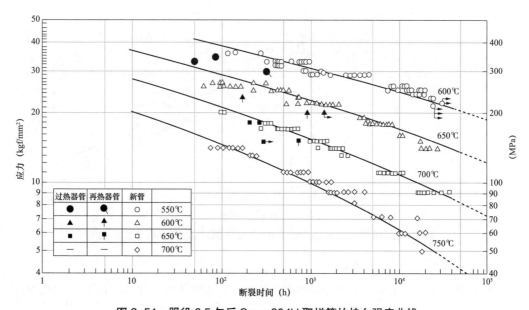

图 2-51　服役 2.5 年后 Super304H 取样管的持久强度曲线

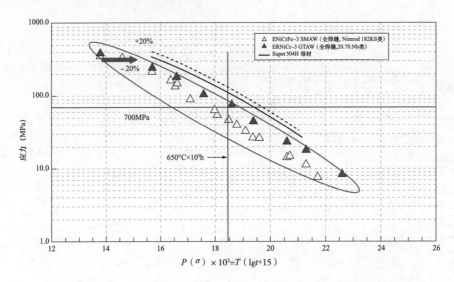

图 2-52　ENiCrFe-3 和 ERNiCr-3 镍基合金焊材与母材持久强度的比较

宝山钢铁公司生产的 10Cr18Ni9NbCuBN（Super304H）钢管在不同温度下的持久强度曲线见图 2-9，图 2-53 示出了国产与日本住友 Super304H 钢管在 650℃下持久强度的比较。由图 2-53 可见：国产钢管蠕变断裂数据与住友钢管的蠕变断裂数据处于同一水平。

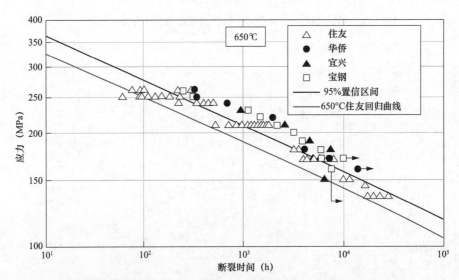

图 2-53　国产与住友 Super304H 钢管在 650℃下持久强度的比较

（三）HR3C 钢的持久强度

图 2-54 示出了 HR3C 钢管在不同温度下的持久强度曲线，图 2-55 示出了 HR3C 钢的 L-M 参数曲线。

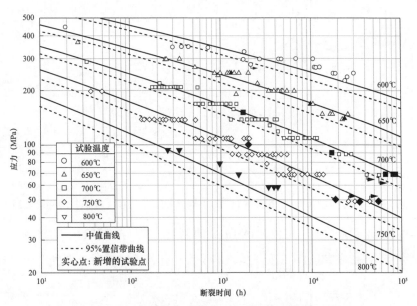

图 2-54　HR3C 钢管在不同温度下的持久强度曲线（住友）

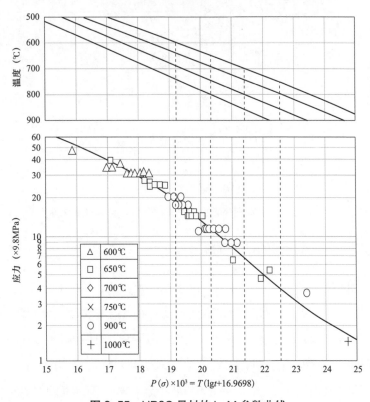

$$P(\sigma) \times 10^3 = T(\lg t + 16.9698)$$

图 2-55　HR3C 母材的 L-M 参数曲线

图 2-56 示出了国产 07Cr25Ni21NbN（HR3C）钢管 650℃、700℃下的持久强度曲线，650℃、700℃下 10^5h 的持久强度分别为 114.7MPa 和 66.8MPa，高于 GB/T 5310—2023 中推荐的相应温度下的最低持久强度。

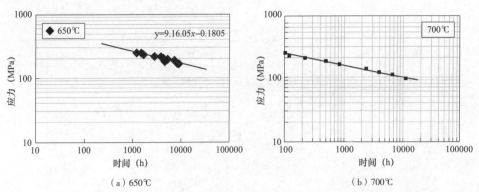

（a）650℃ 　　　　　　　　　（b）700℃

图2-56　国产07Cr25Ni21NbN（HR3C）钢管650℃、700℃下的持久强度曲线

图2-57示出了ENiCrFe-3和ERNiCr-3镍基合金焊材与HR3C母材持久强度的比较。由图2-57可见：ENiCrFe-3和ERNiCr-3镍基合金焊材的持久强度低于母材。

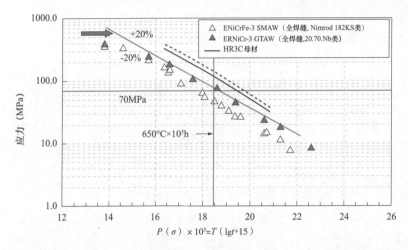

图2-57　ENiCrFe-3和ERNiCr-3镍基合金焊材与母材持久强度的比较

四、汽轮机高温部件用钢的持久强度

汽轮机高中压转子锻件、高温铸钢件由于截面尺寸大，除了机组启停过程中热应力导致的疲劳损伤外，其高温区段还存在蠕变损伤，在其寿命估算中要同时考虑疲劳损伤与蠕变损伤。200MW及以下汽轮机组最常用的高压转子用钢为30Cr2MoV（27Cr2MoV），300MW、600MW亚临界/超临界参数汽轮机高压转子几乎均使用30Cr1Mo1V，蒸汽温度达600℃的超超临界汽轮机高、中压转子采用10%Cr型的马氏体耐热钢，如X12CrMoWVNbN10-1-1、12Cr10Mo1W1NiVNbN、13Cr10Mo1NiVNbN、14Cr10Mo1NiWVNbN、15Cr10Mo1NiWVNbN等；再热温度达620℃的高效超超临界汽轮机中压转子则采用含Co、W的10%Cr型钢，如13Cr9Mo2Co1NiVNbNB（FB2）、12Cr10Co3W2VNbN（新12Cr）等，有些高压转子也采用FB2。相应的高温高压机组的高中压内缸、高压主汽门等部件采用低合

金 Cr–Mo–V 铸钢，如 ZG15Cr2Mo1、ZG20CrMoV；超超临界机组的高中压内缸、高压主汽门等部件则采用 10%Cr 型马氏体铸钢，如 ZG11Cr10Mo1NiWVNbN、ZG13Cr9Mo2Co1NiVNbNB（CB2）等。表 2–19 列出了 30Cr1MOIV、X12CrMoWVNbN10–1–1、FB2 锻件材料的 k、m 值，k、m 值为按式（2–13）进行回归拟合所得。

表 2-19　　30Cr1Mo1V、X12CrMoWVNbN10-1-1、FB2 锻件材料的 k、m 值

材料	试验单位	试验温度（℃）	系数 k	指数 m	备注
30Cr1Mo1V	华北电力大学	540	509.9	−0.0852	国产高压转子轴头，940 ～ 970℃风冷，大于或等于 600℃ 回火
		565	435.7	−0.0865	
X12CrMoWVNbN10–1–1	上海交通大学	600	497.84	−0.10866	德国 SAAR 公司锻件轴端
		650	518.3	−0.18991	
TOS107（14Cr10NiMoWVNbN）	西安热工研究院	595	408.52	−0.0653781	德国 SAAR 公司锻件轴身
			379.92	−0.0618544	德国 SAAR 公司锻件心部
			386.96	−0.069462	国产锻件轴身
FB2		620	428.6	−0.100033	日本 JSW、JCFC 公司锻件

注　SAAR–Saarchmiede；JSW–Japan Steel Works，Ltd.；JCFC–Japan Casting & Forging Corporation。

图 2–58 示出了 30Cr2MoV（俄罗斯牌号 P2）钢的持久强度曲线，图 2–59 所示为 30Cr2MoV（P2）钢的 L–M 参数曲线，表 2–20 列出了 30Cr2MoV（P2）钢的持久强度外推值。

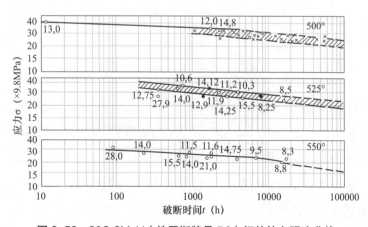

图 2-58　30Cr2MoV（俄罗斯牌号 P2）钢的持久强度曲线

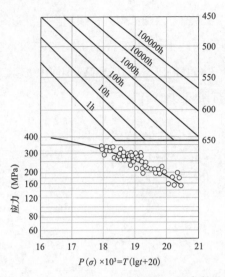

图 2-59　30Cr2MoV（P2）钢的 L-M 参数曲线

表 2-20　　　　　　　　　　30Cr2MoV（P2）钢的持久强度外推值

温度（℃）	σ_{10^4}（MPa）		σ_{10^5}（MPa）	
	L-M 法	等温线法	L-M 法	等温线法
520	226		178	
525	217	233	170	197
530	208		163	
535	200		155	
540	191		148	
545	183		141	
550	175		135	
555	168	173	129	124.6
560	161		123	

国内对 10Cr 型转子锻件除进行低周疲劳试验研究外，还进行了蠕变断裂试验[16-18]。图 2-60 ～ 图 2-63 示 出 了 X12CrMoWVNbN10-1-1、14Cr10NiMoWVNbN（TOS107）、13Cr9Mo2Co1NiVNbNB（FB2）钢的持久强度曲线，持久强度曲线参数见表2-19。由图 2-61 可见：国外锻件的持久强度高于国产锻件，外推的 10^5h 的持久强度分别为 173.9MPa（国产锻件轴身）、192.5MPa（国外锻件轴身）、186.4MPa（国外锻件心部）。CB2 铸钢的 L-M 参数曲线见图 2-15。

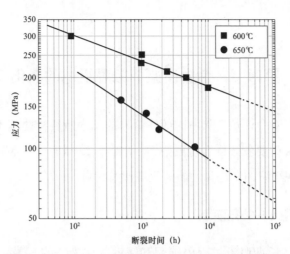

图 2-60　X12CrMoWVNbN10-1-1 钢的持久强度曲线

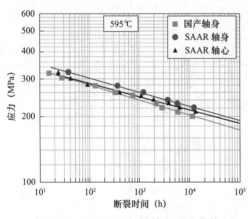

图 2-61　TOS107 钢的持久强度曲线

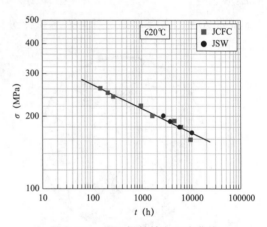

图 2-62　FB2 钢的持久强度曲线

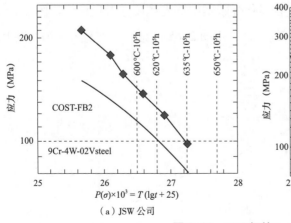

（a）JSW 公司

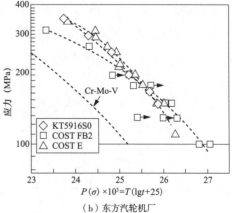

（b）东方汽轮机厂

图 2-63　FB2 钢的 L-M 曲线

第四节　金属高温下微观组织的老化

对高温部件进行寿命评估，除考虑部件材料的蠕变断裂特性，还应考虑部件材料微观组织的老化。本节简要叙述低合金耐热钢、9%～12%Cr马氏体钢和奥氏体耐热钢在高温长期运行中微观组织的老化和性能劣化规律及特点。

一、碳钢和钼钢微观组织的老化

关于高温高压下长期服役过程中碳钢和钼钢中珠光体的石墨化，电力行业制定了DL/T 786—2001《碳钢石墨化检验及评级标准》，根据石墨面积百分比、石墨链长度、石墨形态等将石墨化程度分为4级，图2-64示出了碳钢中珠光体的2级石墨化形貌；15MoG、20MoG钼钢中珠光体的石墨化评级可参照DL/T 786。

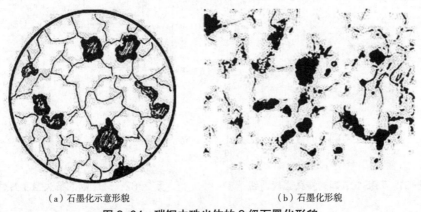

（a）石墨化示意形貌　　　　　　　（b）石墨化形貌

图2-64　碳钢中珠光体的2级石墨化形貌

碳钢部件高温下长期服役，除了石墨化外碳钢中珠光体还会发生球化，图2-65示出了20号钢珠光体球化与时间、温度的关系，由图2-65可见：20号钢在480℃以上运行近10^5h左右才发生珠光体球化。

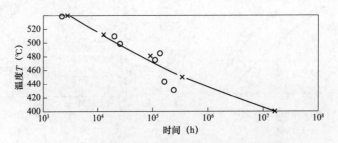

图2-65　20号钢珠光体球化与时间、温度的关系

作者 1998 年进行一台苏联 22K（相当于 20G）钢制锅筒的安全性评定，评定前查阅有关前期材质检测报告：发现该锅筒母材的金相检验珠光体球化严重。该台炉锅筒的运行参数为 12.27MPa/320℃，1960 年 1 月投运，至 1998 年累计运行 217810h。根据图 2-65，在 320℃下 22K 钢运行 217810h 不会发生珠光体球化。于是对该锅筒母材再次进行了复型金相检查，当打磨深度较浅时，金相检查的确几乎看不到珠光体组织，为疑似珠光体完全球化。随后增加打磨深度，再次复型，则可看到明显的珠光体＋铁素体组织（见图 2-66）。由此判断锅筒表面有较严重的脱碳，打磨较浅时确无珠光体。依据锅筒的材质状态和服役条件、运行历程，评估结果表明该锅筒可再继续运行 10 年以上，运行实践表明：该台锅筒运行超过 10 年。

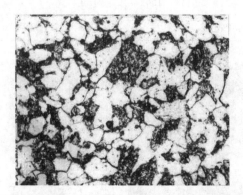

图 2-66　22K 钢制汽包 4 号筒节母材金相组织

理论与试验表明，在正常运行工况下，锅筒、水冷壁、省煤器等部件，基本上不存在材料珠光体球化的问题，除非水冷壁管严重超温。

二、低合金耐热钢微观组织的老化

低合金耐热钢在火电机组的高温部件被广泛采用，这类钢老化的主要特征表现在以下几个方面：①金相组织中珠光体分散、碳化物球化和聚集长大；②合金元素在固溶体和碳化物相之间重新分配；③蠕变孔洞和微裂纹的产生。温度越高则变化速度越大，应力是促进这些变化的重要因素。

1. 珠光体球化

关于高温、高压下长期服役过程中低合金耐热钢中珠光体的球化，电力行业制定了以下相应标准：

DL/T 674—1999《火电厂用 20 号钢珠光体球化评级标准》

DL/T 773—2016《火电厂用 12Cr1MoV 钢球化评级标准》

DL/T 787—2001《火力发电厂用 15CrMo 钢珠光体球化评级标准》

DL/T 999—2006《电站用 2.25Cr–1Mo 钢球化评级标准》

表 2–21 列出了 15CrMo 钢的球化级别与拉伸强度、硬度和持久强度的变化，由表 2–21 可见：随着 15CrMo 钢球化级别的增加，拉伸强度、硬度和持久强度下降。图 2–67 示出了 15CrMo 钢中珠光体球化形貌。

表 2–21　　　　　　　　15CrMo 钢的球化级别与拉伸强度、硬度

球化级别	1	2	3	4	5
抗拉强度（MPa）	505	465	443	423	412
屈服强度（MPa）	332	322	296	280	277
硬度（HBW）	154	139	132	128	123
550℃下 10^5h 持久强度（MPa）	61	51.3	48.8	46.2	44.6

　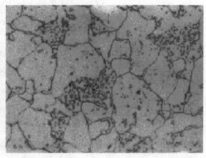

（a）未球化　　　　　　　　　　　　　　（b）球化 4 级

图 2–67　15CrMo 钢中珠光体球化形貌

2. 合金元素在碳化物与基体间的转移

在高温下长期运行的部件材料不但会发生微观组织的老化，钢基体中的合金元素还会向碳化物中转移。另外，碳化物的结构类型、数量和分布也会发生变化，力求使碳化物变为更稳定的类型，并使其分布处于更稳定的状态。上述过程的发生是由于高温下合金元素原子扩散的结果。

基体中合金元素向碳化物中的迁移导致了基体中合金元素的贫化，使钢的强度、硬度下降。鉴于此，DL/T 438—2000《火力发电厂金属技术监督规程》中关于主蒸汽管道和再热蒸汽管道的监督规定：对监察段，12CrMo、15CrMo 钢制管道碳化物中的 Mo 含量不超过 85%，12Cr1MoV 钢制管道碳化物中的 Mo 含量不超过 75%。

关于低合金耐热钢中合金元素在碳化物与基体间的重新分配，国内外进行了大量的研究与实践。结果表明：无论是运行参数、时间相同的同一管道相近两点还是相同运行历程的管道不同点处检测的碳化物中 Mo 含量都存在较大的差异。

图 2–68 示出了 12CrMo 和 15CrMo 钢高温下运行不同时间后碳化物中 Mo 元素含量

占基体中 Mo 元素的百分比。由图 2-68 可见：数据分散性很大，随着运行时间的增长，分散性更大。

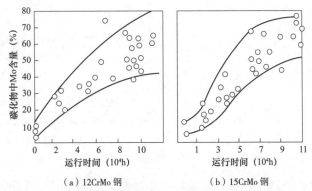

（a）12CrMo 钢　　　　　　（b）15CrMo 钢

图 2-68　12CrMo 和 15CrMo 钢高温下运行不同时间后碳化物中 Mo 元素含量占基体中 Mo 元素的百分比

由前述可见：关于合金元素在碳化物与基体间的重新分配，从材料高温老化损伤理论上讲确实会发生，但在工程中检测结果的重复性较差，而这些结果与部件的安全运行寿命尚无定量的描述，所以对合金耐热钢在高温长期运行下碳化物中合金元素的含量变化规律还需进一步研究，积累数据。鉴于此种状态，自 2009 年后修订的 DL/T 438 中就取消了 DL/T 438—2000 中对低合金耐热钢碳化物的检测。

3. 珠光体球化检测的工程技术意义

低合金耐热钢制管道高温长期运行过程中发生珠光体球化会导致钢的强度降低，相关标准中给出的珠光体球化级别与钢的拉伸、硬度、冲击性能以及持久强度的对应关系，实际上是一种近似的定性关系，仅供参考。有的 12Cr1MoV 钢制管道供货态钢管就存在球化级别较高的情况，就目前来说，还很难用球化级别来定量地评价钢材性能的劣化程度，球化级别仅作为材料老化程度的定性评价，还不能作为停用换管的判据。故 DL/T 940—2022《火力发电厂蒸汽管道寿命评估技术导则》中规定，当低合金钢球化级别达 5 级后，应进行材质鉴定和寿命评估。

4. 低合金耐热钢在高温下长期运行中的蠕变孔洞

金属在长期高温下会引起微观组织的老化，第二相的析出、长大，合金元素在基体与碳化物间的重新分配，蠕变孔洞的产生，蠕变微裂纹的形成，直至断裂。

关于蠕变孔洞的形成，理论上有两种形式：一种是高应力下，蠕变孔洞在三角晶界处形成，进而形成微裂纹、扩展，直至断裂，称之为楔形开裂；另一种是在相对低的应力水平下，在晶界产生蠕变孔洞，随后蠕变孔洞聚合、长大、沿晶界呈串链状，形成蠕变微裂纹，称之为沿晶开裂。两种蠕变孔洞类型示意如图 2-69 所示。

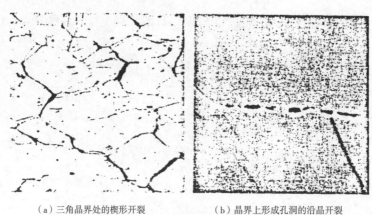

（a）三角晶界处的楔形开裂　　　（b）晶界上形成孔洞的沿晶开裂

图 2-69　两种蠕变孔洞类型示意图

关于三角晶界处的楔形开裂，一般在爆管的裂纹尖端可看到孔洞。管子爆裂前裂纹尖端往往发生较大的塑性变形，管子壁厚减薄，应力增大，易在三角晶界处形成楔形蠕变孔洞，图 2-70 所示为爆裂的 12Cr1MoV 管裂纹尖端附近三角晶界处的楔形蠕变孔洞。

关于低应力下在晶界产生蠕变孔洞，理论上讲是一种合理的蠕变损伤模型。但在工程实际中很难准确地进行蠕变孔洞检测。文献［14］论述了国内外关于钢中蠕变孔洞的几种理论：蠕变孔洞在蠕变第二阶段末第三阶段开始时出现；蠕变孔洞在第二阶段开始后即出现；只有临近断裂前才出现蠕变孔洞。中国火力发电厂金属工作者对 12CrMo、15CrMo、12Cr1MoV、10CrMo910 等低合金耐热钢蠕变孔洞的大量试验研究结果，表明工程中采用光学显微镜很难准确地检测蠕变孔洞。1994 年，电力行业颁布实施了 DL/T 551—1994《低合金耐热钢蠕变孔洞检验技术工艺导则》，但原国家发展和改革委员会 2005 年发布的第 45 号公告废止了 DL/T 551—1994，表明该工艺导则不能准确检验低合金耐热钢的蠕变孔洞。鉴于几种蠕变孔洞理论的差异和工程中检测的不确定性，自 2009 年后修订的 DL/T 438 中取消了对高温部件蠕变孔洞的检测。

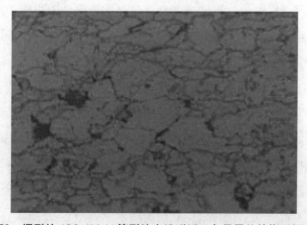

图 2-70　爆裂的 12Cr1MoV 管裂纹尖端附近三角晶界处的楔形蠕变孔洞

三、9%～12%Cr 耐热钢微观组织的老化

9%～12%Cr 钢在高温下长期运行后，微观组织的变化主要表现为位错密度下降、马氏体分解、亚晶的形成与长大、第二相的析出与长大（碳化物、氮化物、Laves 相、Z相），但有些特征在普通光学显微镜下很难观察，例如位错密度、亚晶，这些需借助于透射电子显微镜来观察。

对运行 75787h（540℃/17.2MPa）的 T91 钢制过热器管（规格 φ54×9mm）的微观组织进行了研究[19]。原始管的微观组织形态见图 2-71（a），运行后管样的微观组织形态见图 2-71（b）。由图 2-71 可见：在普通光学显微镜下原始管和运行管样的微观组织形态无明显差异。

表 2-22 列出了运行 75787h 后 T91 管样室温下的拉伸性能和冲击吸收能量。由表 2-22 可见，相对于原始管样，运行管样的屈服强度下降约 14%，抗拉强度下降约 5%，冲击吸收能量下降达 30%。

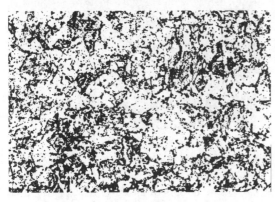 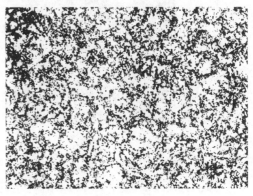

（a）原始管　　　　　　　　　　　　　　　　　　（b）运行 75787h

图 2-71　T91 钢管服役前后的组织形貌

表 2-22　　　　　　　　　　T91 管样室温下的拉伸、冲击试验结果

管样编号	管样位向	屈服强度 $R_{p0.2}$（MPa）	抗拉强度 R_m（MPa）	延伸率 A（%）	冲击吸收能量 KV_2（J）
15（1）	向火侧	484	670	19.2	63.7
	背火侧	507	677	21.0	60.0
18（2）	向火侧	512	680	20.3	68.0
	背火侧	512	695	22.3	54.7
24（3）	向火侧	497	670	19.0	72.3
	背火侧	493	672	23.8	70.7

管样编号	管样位向	屈服强度 $R_{p0.2}$（MPa）	抗拉强度 R_m（MPa）	延伸率 A（%）	冲击吸收能量 KV_2（J）
27（4）	向火侧	467	642	20.7	66.0
	背火侧	477	670	23.8	66.7
0	原始管	570	695	23.0	94.0

注 1. 管样编号第一个数字为管屏排数，括号中数字为从外向内数的圈数。

2. 屈服强度、抗拉强度、延伸率和冲击吸收能量为 3 个试样的平均值。

文献［20］对 P92 钢在 600℃下进行恒应力（110MPa）蠕变断裂试验，试验 60628h 的微观组织见图 2-72（b），与原始图 2-72（a）管相比，在普通光学显微镜下也观察不到马氏体形态的变化。

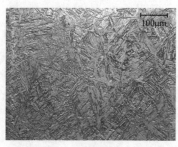 

（a）原始管　　　　　　　　　　（b）试验 60628h

图 2-72　P92 钢管试验前后的组织形貌

图 2-73 示出了某电厂 T91 钢制中温再热器（规格 $\phi 63 \times 4mm$）运行后管样的微观组织形貌，中温再热器入口蒸汽温度为 376℃，入口烟气温度为 1015℃。样品取自运行 6712h 管子的下弯头鼓包处。由图 2-73 可见：马氏体基本分解完毕，在铁素体基体上分布大量的第二相粒子，颗粒长大严重粗化。微观组织的严重老化主要由超温所致，与图 2-71（b）相比，两者差异很大。

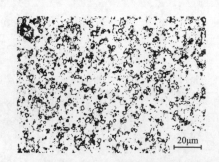

图 2-73　运行 6712h 的 T91 管样的微观组织的形貌

试验结果表明：对正常运行的 9% ～ 12% Cr 钢，在近 10 万 h 内采用光学显微镜很难看到微观组织的明显老化。

四、奥氏体耐热钢微观组织的老化

奥氏体耐热钢高温长期服役后微观组织的老化主要表现为晶内滑移线、孪晶和层错的逐渐消失；位错密度降低，晶界平直化、小角度晶界增加，晶粒长大，第二相析出且长大。不含稳定化元素 Nb、Ti 与含稳定化元素 Nb、Ti 的奥氏体耐热钢微观组织老化的主要区别是晶内碳化物的变化及析出相成分比例的不同。不含稳定化元素的奥氏体耐热钢晶内第二相数量先明显增多后减少、颗粒尺寸无明显变化；含稳定化元素的奥氏体耐热钢晶内第二相数量略增多后基本不变、颗粒尺寸略增大。

用背散射电子衍射（EBSD）和扫描电子显微镜（SEM），采用"原位"（即在同一部位）观察研究 Cr-Ni 奥氏体钢在高温下不同时间后的微观组织变化[21]。试验材料为 YUS701（Cr25-Ni13）型耐热钢，分别在 650℃下保温 17h 和 1200℃下保温 27h。图 2-74 显示了试验前后微观组织特征。明显可见原始样品的晶粒细小（26μm 左右）且均匀，高温时效后晶粒长大（平均直径 60μm），晶界趋于平直。

（a）原始管样　　　　　　　　　　（b）高温时效后

图 2-74　高温试验前后晶粒取向及晶界的 EBSD "原位"特征

对运行 36633h 的 TP304H 钢制高温再热器管（540℃/4.10MPa）进行取样，然后在 550℃/320MPa 下进行蠕变断裂试验（1050h），图 2-75 显示了其微观组织形貌，可见晶内孪晶消失，晶界有大量第二相析出。图 2-76 为 1X18H12T（1Cr18Ni12Ti）钢在 545℃/13.7MPa 下运行 126613h 后爆口附近微观金相组织，明显可见碳化物在晶界呈连续分布[22]。

关于奥氏体耐热钢微观组织的老化评级，参见 DL/T 1422—2015《18Cr-8Ni 系列奥氏体耐热钢的组织老化评级》。

奥氏体耐热钢微观组织的老化对性能的影响研究表明：在运行初期或不长时间

内，钢的屈服强度和抗拉强度基本不变或略有上升，图 2-77 示出了 TP304H 和 TP316H（06Cr17Ni12Mo2）钢在 600 ~ 800℃时效 10000h 后的室温拉伸强度的变化。由图 2-77 可见：与原始管样相比，经 10000h 时效后试样的抗拉强度小幅上升，屈服强度小幅下降。

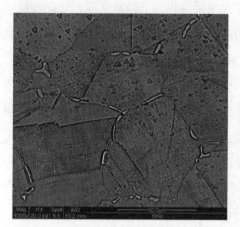
图 2-75　TP304H 晶界上析出的 $M_{23}C_6$ 相

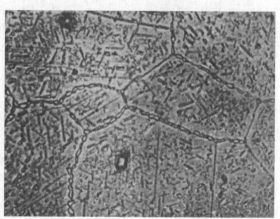
图 2-76　1X18H12T 爆口处的微观组织

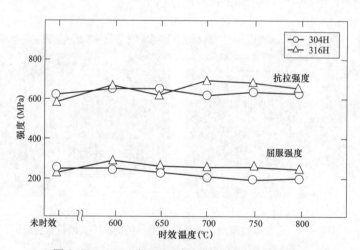
图 2-77　304H 和 316H 钢时效后拉伸强度的变化

18-8 型奥氏体耐热钢锅炉管在服役期间硬度总体上升高，存在两个硬度值上升较快的区间，一个大致在 10 ~ 100h（碳化物快速析出引起弥散强化），另一个约在 10000h 以后（σ 相的析出和长大）。在锅炉管寿命末期，由于蠕变损伤加速，硬度快速降低；在 100 ~ 10000h 之间，少量新的第二相弥散析出造成强化与碳化物的析出聚集造成的软化相互平衡，硬度值基本维持不变或略有降低。图 2-78 示出了 TP304H 钢时效过程中硬度随寿命分数的变化，图中 t 为试样试验时间，t_r 为试样断裂时间。由图 2-78 可见：80% 寿命前硬度一直增加，只有到 80% 寿命后，硬度急剧下降。

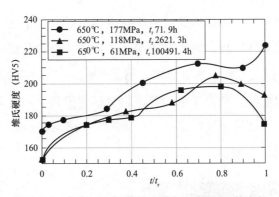

图 2-78　TP304H 钢蠕变过程中硬度随 t/t_r 的变化

奥氏体耐热钢微观组织的老化导致晶间腐蚀开裂倾向增加，脆性增大，冲击吸收能量 KV_2 显著下降。钢中 Cr 含量越多，温度越高，脆化倾向越大。其原因在于 Cr 含量越多、温度越高，析出的 $Cr_{23}C_6$ 量越多，并逐步长大且向晶界偏聚，导致晶界脆化，某电厂超临界锅炉（605℃/605℃/26.15MPa）运行 45200h 的 HR3C 高温过热器管的冲击吸收能量 KV_2 仅有 4J（新管的 KV_2 高达 200J）。图 2-79 示出了 TP304H 和 TP347H 钢 700℃下时效不同时间的冲击值。

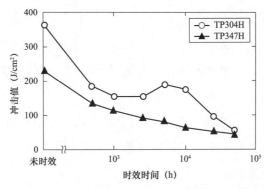

图 2-79　TP304H 和 TP347H 钢 700℃下时效不同时间的冲击值

第五节　高温部件蠕变寿命评估方法

高温部件蠕变寿命评估前的资料信息收集与分析见第一章第三节"机组进行寿命评估的条件和程序"，评估前部件的质量状态与损伤检查非常重要。对以蠕变为主要失效方式的主蒸汽管道、高温再热蒸汽管道、高温过热器集箱、高温再热器集箱等部件，除要获得材料的力学性能，特别是持久强度和微观组织老化状态外，重要的是焊缝的宏观检查和无损探伤，特别是直管段与三通、阀门、异径管的连接焊缝和疏水管、仪表管管座角焊缝，因为这些部位的应力、应变集中易产生裂纹（见图 2-80）；同时部件外表面裂纹、严重划痕、沟槽等缺陷的检查也很重要。其次根据制造、安装、历次检修检测资料和机组运行历程，对直段、弯头（弯管）母材和焊缝进行硬度、微观金相组织抽查；测量管道直管段、弯管壁厚，测量弯管（弯头）椭圆度，特别注意集箱、管道对接焊缝两侧的壁厚，因为集箱、管道制造过程中为了内径对口，有时会对焊缝两侧管段内壁加工一定坡度（见图 2-81），导致焊缝两侧的壁厚小于筒体其他区段的壁厚。

图 2-80　主蒸汽汇聚三通与直段焊缝裂纹

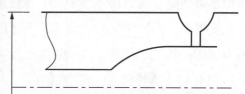

图 2-81　集箱筒体内壁钝边

对高温过热器、高温再热器管，重要的要检测管子和焊缝的表面裂纹、严重划痕、沟槽、磨损等缺陷和氧化、腐蚀状态，对直管段和弯管进行外径和壁厚抽查；根据锅炉运行历程和状态，对管子向火侧内壁进行氧化层厚度测量，根据检测结果，在温度较高的区段割管进行拉伸、硬度和微观金相组织检查。

高温部件蠕变寿命评估参照相关标准（例如，"第一章 第二节　国内外关于火电机组寿命评估研究"中列举的标准）和资料文献，有应力解析法、硬度、考虑微观组织老化和物理参数变化四类方法：

（1）应力解析法。即根据部件的服役条件计算危险部位的应力，试验或收集部件材料蠕变性能，采用合适的寿命评估判据。常见的蠕变寿命评估判据有①等温线外推法；②L–M 参数法；③等应力外推法；④考虑部件蠕变变形的 θ 函数法、Ω 法。

（2）硬度法。

（3）与材料微观组织老化相关的主要有 A 参数法、密度法、晶粒变形法、碳化物结构与成分判据等。

（4）与物理参数变化相关的有电阻法、超声波能量衰减法等。目前，相关蠕变寿命评估标准中采用的方法基本为应力解析法。根据微观组织老化程度和物理参数变化的评估仅在一些研究资料中有报道，但硬度法不失为工程中一种简便实用的方法，因为材料的硬度与强度密切相关。

一、应力解析法

（一）根据曲线图、表格简单评估

蠕变寿命评估最为简单的应力解析法可依据材料的应力－温度－寿命曲线或表格确定，大量的研究与相关标准中给出了一些材料的应力－温度－寿命曲线和表格，例如图 2-27、图 2-34 示出的 2.25Cr1Mo、X10CrMoVNb9-1（T91/P91）钢的应力－温度－寿命曲线，表 2-5、表 2-8 和表 2-15 分别表示的 2.25Cr1Mo、X10CrMoVNb9-1（T91/P91）和 T92/P92 钢的应力－温度－寿命列表。根据部件的服役温度、危险部位的应力，依据列表即可查出寿命。对处于列表中数值的中间值，可用内插法获得。ECCC 或相关标准中给出的 2.25Cr1Mo、X10CrMoVNb9-1（T91/P91）和 T92/P92 的应力－温度－寿命曲线和列表是均值持久强度，考虑部件寿命评估的可靠性和安全性，对部件的环向应力乘以 1.25 系数后，再在应力－温度－寿命列表中查找对应的寿命。

（二）等温线外推法

采用等温线外推法计算高温部件的蠕变寿命必须获得材料的持久强度曲线，持久强度曲线可通过蠕变断裂试验获得，或查阅有关标准、资料。材料的蠕变断裂试验温度通常选取部件的服役温度。用式（2-13）进行试验数据拟合，获得材料试验温度下的 k、m 值。表 2-4、表 2-7、表 2-18 和表 2-19 给出的低合金耐热钢、$9\% \sim 12\%$Cr 耐热钢、奥氏体耐热钢和汽轮机高温部件材料不同状态下的 k、m 值可供参考。

获得了材料的持久强度曲线和危险部位的应力后，即可按式（2-26）或式（2-13）计算部件的蠕变寿命，即

$$\lg \frac{t}{10^5} = \frac{\lg \dfrac{\sigma_{10^5}^t}{n\sigma}}{\lg \dfrac{\sigma_{10^4}^t}{\sigma_{10^5}^t}} \tag{2-26}$$

式中　$\sigma_{10^4}^t$、$\sigma_{10^5}^t$ ——某一温度下 10^4h 和 10^5h 的持久强度；

　　　　σ ——部件危险部位的应力；

　　　　n ——应力系数。

考虑材料蠕变断裂数据的分散度（国外相关标准按 ±20% 考虑），对于高温管道，德国 TRD 508《按持久强度估算部件寿命的补充检验》和 EN 12952-4《水管锅炉及辅机安装　第 4 部分：在役锅炉寿命预测计算》对材料均值持久强度取 0.8 系数作为寿命评估的持久强度（见图 2-82），若按均值持久强度计算，相当于对计算应力取 1.25 系数。

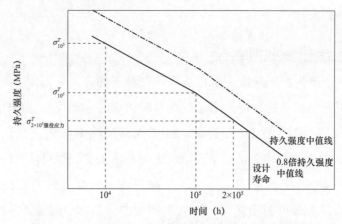

图 2-82　TRD508 中用于蠕变寿命计算的持久强度曲线

若部件运行过程中温度、应力基本恒定，则根据式（2-26）或式（2-13）直接计算部件的蠕变寿命；若部件运行过程中温度、应力有较大变化，则根据式（2-26）或式（2-13）计算某一温度、应力区间部件的蠕变寿命，再用线性损伤法计算蠕变寿命［式（2-27）］。理论上当损伤总和 D 值达到 1 时，部件寿命终结。工程中考虑部件运行的安全性，D 值的选取最高不超过 0.8，则

$$D = \sum_{i=1}^{i} \frac{t_i}{t_{ri}} \leqslant 1 \qquad (2-27)$$

式中　t_i、t_{ri} ——部件的运行时间和失效时间。

对于部件运行过程中温度偏离设计值（例如超温），也可用等效服役期限方法来推算，表 2-23 列出了碳钢、铬钼钢、铬钼钒钢的等效服役期限折算系数。

表 2-23　　　　　　　珠光体耐热钢的等效服役期限折算系数

温度（℃）	低碳钢	铬钼钢	铬钼钒钢
440			
443			
444			
445			
450	0.222		
455	0.476		
460	0.596		
465	0.6413		
470	0.692		

温度（℃）	低碳钢	铬钼钢	铬钼钒钢
525	**_1.000_**	0.300	0.282
530	1.485	0.448	0.435
533	2.06	0.629	0.561
534	3.027	0.637	0.609
535	4.160	0.667	0.658
_540_		**_1.000_**	**_1.000_**
545		1.483	1.557
550		2.184	2.251
555		3.216	3.356
560		4.702	4.975

注　黑体带杠的数字为基准值。以 12Cr1MoV 钢为例，计算温度为 540℃，当超 10℃时，每运行 1h，相当于在 540℃下运行 2.251h；当低于 10℃时，每运行 1h，相当于在 540℃下运行 0.435h。

（三）L—M 参数法

根据部件的服役温度、危险部位的应力可采用相关寿命参数计算公式计算部件的蠕变寿命，最常见的是 L-M 参数公式，例如式（2-22）、式（2-24）、式（2-25）表示 T22/P22（2.25Cr1Mo、10CrMo910）、T91/P91、T92/P92 钢的 L-M 参数公式。

根据材料的 L-M 参数公式，将部件的服役温度和应力（对应力取 1.25 系数）代入方程式，即可计算出部件的蠕变寿命。也可参照书中相关材料的 L-M 曲线计算部件的蠕变寿命，例如图 2-24 表示 12Cr1MoV 钢的 L-M 曲线，图 2-25、图 2-26 表示 10CrMo910、T22/P22 钢的 L-M 曲线，图 2-32、图 2-41 T91/P91、T92/P92 钢的 L-M 曲线。

（四）θ 法

在"本章第一节　金属的蠕变曲线"中较详细地叙述了用 θ 法描述金属材料的蠕变曲线。根据材料的蠕变断裂试验获得了式（2-1）、式（2-3）或式（2-9）中的 θ_i，即可确定部件在服役温度、应力下的蠕变曲线（见图 2-83），将蠕变曲线第 Ⅱ 阶段向第 Ⅲ 阶段过渡的蠕变应变定为失效点，即为蠕变寿命。

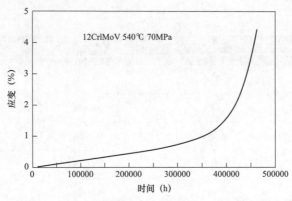

图 2-83　12Cr1MoV 钢的 ε（应变）~ t（时间）曲线

θ 法的优点在于可描述材料蠕变曲线形状，一旦确定了方程中的 θ_i，即可容易地获得材料的蠕变速率、蠕变断裂时间及变形规律。试验结果也可对材料的持久强度进行等温线外推，获得的材料蠕变信息量大。缺点在于试验较复杂，必须在试样上安装引伸计检测试样的蠕变变形，当试样伸长量较大时，引伸计需较大的量程。另外，试验数据处理较复杂。

（五）部件危险部位的应力计算

寿命评估中的应力为部件危险部位的应力。对于汽水管道来说，直管段的应力相对均衡，通常计算壁厚较薄部位的内压环向应力；对于弯头或弯管，通常计算外弧侧的应力；高温集箱及圆筒容器等筒体应力可参照管道应力计算，集箱接管座角焊缝部位的应力应考虑应力集中系数。通常高温管道或集箱的寿命评估主要考虑直管段或集箱筒体寿命。对于汽轮机高中压转子，通常计算温度较高的调节级附近截面变化较大部位或沟槽部位（例如应力释放槽）的热应力；汽轮机高中压内缸，高温主汽门等大型铸钢件通常计算温度较高、截面尺寸变化较大部位或拐角、沟槽部位的热应力和内压应力；锅筒、汽水分离器主要计算管径较大、应力集中较大的接管角焊缝部位。汽水管道、锅筒、汽水分离器的应力计算相关标准中有计算公式，汽轮机高中压转子、高中压内缸、主汽门等部件，通常采用有限元法分析应力，或采用经验公式。这里重点叙述汽水管道应力分析，集箱、锅筒、汽水分离器等筒体应力分析可参照此计算。

1. 汽水管道直段应力分析

承受内压的管道直段可视为直筒状压力容器，厚壁圆筒处于三向应力状态，其中环向应力和径向应力沿壁厚呈非线性分布，轴向应力沿壁厚均匀分布。图 2-84 示出了承受内压的厚壁圆筒容器的环向应力和径向应力分布，由图 2-84 可见：在内压作用下圆筒径向应力为压应力，内壁处径向应力绝对值最大，外壁为零；内壁环向应力也最大，外壁较小，内壁环向应力计算见式（2-28）[23]，即

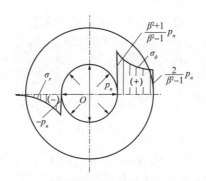

图 2-84　承受内压的厚壁圆筒容器的径向应力和环向应力分布

$$\sigma_{\theta\max}=\frac{\beta^2+1}{\beta^2-1}p \qquad (2\text{--}28)$$

薄壁圆筒的环向应力计算可采用式（2–29），即

$$\sigma_{\theta}=\frac{P(D_{\mathrm{o}}-S)}{2S} \qquad (2\text{--}29)$$

式中　p——计算压力；

　　β——筒外直径 D_{o} 与内直径 D_{i} 之比；

　　S——筒体壁厚。

采用最大剪应力强度理论（第三强度理论）分析圆筒的强度，其当量应力 σ_{d} 为

$$\sigma_{\mathrm{d}}=\sigma_1-\sigma_3 \qquad (2\text{--}30)$$

式中　σ_1、σ_3——危险点处的最大、最小主应力。

对薄壁圆筒 $\sigma_1=\sigma_\theta$，径向应力可忽略，$\sigma_3=0$，故当量应力 σ_{d} 等于环向应力 σ_θ；对厚壁圆筒，内压作用下内壁处的径向应力不能忽略不计，$\sigma_3=-p$，此时，$\sigma_1=\sigma_{\theta\max}$，当量应力 σ_{d} 为

$$\sigma_{\mathrm{d}}=\frac{\beta^2+1}{\beta^2-1}p-(-p)=\frac{2\beta^2}{\beta^2-1}p \qquad (2\text{--}31)$$

GB 50764—2012《电厂动力管道设计规范》和 DL/T 5366—2014《发电厂汽水管道应力计算技术规程》中给出的管道内压折算应力 σ_{eq} 计算式（2–32），适用于 $D_{\mathrm{o}}/D_{\mathrm{i}} \leqslant 1.7$ 的管道（D_{o}、D_{i} 分别为管道外直径与内直径），则

$$\sigma_{\mathrm{eq}}=\frac{p[0.5D_{\mathrm{o}}-Y(S-C)]}{\eta(S-C)} \qquad (2\text{--}32)$$

式中　p——设计压力，MPa；

　　Y——修正系数，与管道材料和服役温度相关的 Y 值的选取见表 2–24；

　　S——管子实测最小壁厚，mm；

　　C——考虑腐蚀、磨损和机械强度要求的附加壁厚；

　　η——许用应力修正系数。无缝钢管 $\eta=1$；带纵焊缝钢管 η 值的选取见表 2–25。

表 2-24   式（2-32）中 Y 值的选取

材料	温度（℃）					
	≤ 482	510	538	566	593	≥ 621
低合金耐热钢、马氏体耐热钢	0.4	0.5	0.7			
奥氏体耐热钢	0.4				0.5	0.7

注　1. 介于列表中间温度的 Y 值用内插法计算。

　　　2. 当管子的 $D_0/S < 6$ 时，对设计温度小于或等于 482℃ 的低合金耐热钢、马氏体耐热钢和奥氏体耐热钢，其 Y 值按下式计算；即 $Y = D_i / (D_i + D_0)$。

　　　一般蒸汽管道和水管道可不计及腐蚀和磨损影响；对存在流体腐蚀和磨损情况的管道，应根据预期的寿命和介质对金属的腐蚀速率确定 C 值；加热器疏水阀后的管道、给水再循环阀后管道和锅炉排污阀后管道等存在汽水两相流介质的管道，腐蚀和磨损 C 值可取 2mm；超超临界机组主蒸汽管道和高温再热蒸汽管道的 C 值可取 1.6mm。

　　　带纵焊缝钢管 η 值按表 2-25 选取；进口电熔焊管的 η 值按相应标准规定选取。

表 2-25   纵焊缝钢管 η 值的选取

焊接类型		接头型式	检验	系数 η
电阻焊		纵缝或螺旋焊缝	按产品标准检验	0.85
电熔焊	单面焊 （无填充金属）	焊缝或螺旋焊缝	按产品标准检验	0.85
			附加 100% 射线或超声波检验	1.00
	单面焊 （有填充金属）	焊缝或螺旋焊缝	按产品标准检验	0.80
			附加 100% 射线或超声波检验	1.00
	双面焊 （无填充金属）	焊缝或螺旋焊缝	按产品标准检验	0.90
			附加 100% 射线或超声波检验	1.00
	双面焊 （有填充金属）	焊缝或螺旋焊缝	按产品标准检验	0.90
			附加 100% 射线或超声波检验	1.00

注　电阻焊纵缝钢管不允许通过增加无损检验提高焊缝系数。

　　　在高温蒸汽管道寿命评估中对管道直段应力可按薄膜应力计算公式（2-29）或式（2-32）计算。式（2-32）计算的应力略低于式（2-29），在部件寿命评估中，采用式（2-29）可获得偏安全的评估结果。

　　　2. 汽水管道弯头或弯管应力分析

　　　截面为等厚度标准圆的弯管环向应力可采用式（2-33）计算，即

$$\sigma_\theta = \frac{pr}{S} \frac{2R + r\sin\theta}{2(R + r\sin\theta)} \tag{2-33}$$

式中　p ——计算压力，MPa；

　　　r ——管子半径，mm；

　　　S ——管子壁厚，mm；

　　　R ——弯管曲率半径，mm；

　　　θ ——表示管子横截面位置的角度（见图2-85）。

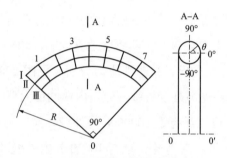

图2-85　弯管有关几何尺寸

由式（2-33）可见：弯管的环向应力 σ_θ 随 θ 角度变化。$\theta=90°$ （弧线Ⅰ，弯管外弧面），应力最小；$\theta=-90°$ （弧线Ⅲ，弯管内弧面），应力最大；中性面与直管应力相同。

弯头（弯管）在制作过程中会引起外弧侧壁厚减薄、内弧侧壁厚增厚，截面为椭圆。在内压作用下弯管长短轴部位存在附加弯矩（见图2-86），产生附加弯曲应力，故其应力状态和计算较为复杂，往往外弧侧环向应力较大，且弯管（弯头）破裂多始于外弧侧。

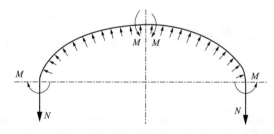

图2-86　弯管在内压下椭圆截面长短轴处的附加弯矩

国内外对管道弯头（弯管）部位的应力进行了大量的分析与试验研究，这里推荐法国电力公司（EDF-Electricity De France）采用的弯头（弯管）环向应力计算公式（2-34）[24]，即

$$\sigma_{\theta max} = \frac{pD_i}{2S} \left[1 + \frac{3D_i \Phi}{2S} \frac{1}{1 + p\left(\frac{1-\mu^2}{2E}\right)\left(\frac{D_i}{S}\right)^3} \right] \tag{2-34}$$

式中 p —— 计算压力，MPa；

D_i —— 弯管内直径，mm；

S —— 管道壁厚，mm；

Φ —— 弯管椭圆度；

μ —— 材料泊松比，0.3；

E —— 材料弹性模量，MPa。

3. 高温蒸汽管道蠕变条件下的应力重新分布

高温蒸汽管道在运行过程中由于蠕变松弛会引起应力重新分布，美国电力科学研究院（EPRI）采用有限元法对 P91 钢制主蒸汽管道直段（$\phi 406 \times 40.5mm$）和 90° 弯头按设计参数（14.8MPa/584℃）进行了黏塑性应力分析（见图 2-87）[4]，由图 2-87 可见：不论直管段还是弯头，在高温下蠕变松弛，管道内壁的最大环向应力逐渐降低，外壁环向应力逐渐增加。对直管段，运行近 300000h 内外壁环向应力几乎相等，超过 300000h 外壁环向应力逐渐高于内壁；对弯管，运行 100000h 内外壁环向应力几乎相等，超过 100000h 外壁环向应力明显高于内壁。

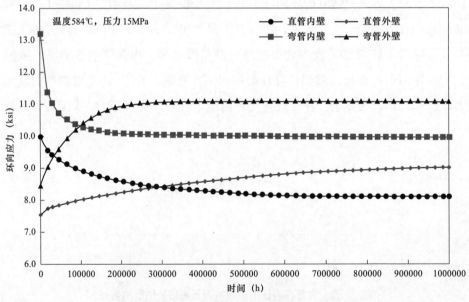

图 2-87　主蒸汽管道环向应力随运行时间的变化

二、硬度法

材料的硬度可视为力学性能指标，与材料抗拉强度有很好的对应关系，GB/T 33362—2016《金属材料硬度值的换算》和 DIN EN ISO 18265《金属材料硬度值的换算》（Metallic Materials Conversion of Hardness Values）中给出了不同金属材料硬度值与抗拉强度的对应关系。国内外对高温部件硬度下降与蠕变寿命的影响进行了大量研究，图 2-88 示出了三种材料硬度与 L-M 参数的关系曲线[25]，图 2-89 示出了 T91/P91 钢硬度与 HJP（Holloman-Jaffe Parameter）参数的关系曲线，图 2-90 示出了 T91/P91 钢硬度 – 应力 – 时间关系曲线，图 2-90 中的硬度包含了 T91/P91 钢的低硬度（美国 EPRI 研究的 T91/P91 钢的低硬度相当于 T22/P22 钢的硬度）[26]。采用硬度法进行蠕变寿命评估可获得与应力解析法相近的结果，因此在工程中可进一步研究与实践。

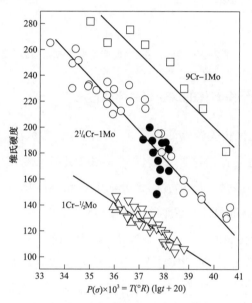

图 2-88　三种材料硬度与 L-M 参数的关系曲线

$T\ (°R)$ – 列氏温度

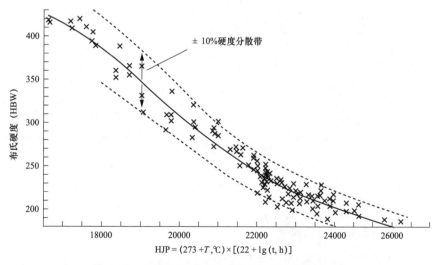

图 2-89　T91/P91 钢硬度与 HJP 参数的关系曲线

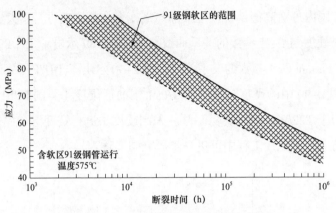

图 2-90　T91/P91 钢硬度与寿命关系曲线

三、基于材料微观组织老化的蠕变寿命评估方法

与材料微观组织老化相关的蠕变寿命评估方法有 A 参数法、密度法、晶粒变形法、碳化物结构与成分变化判据，这些方法仅见于相关资料文献，相关标准、规程中并未列入。电力行业制定的碳钢石墨化、低合金钢中珠光体球化、奥氏体耐热钢老化以及 T91/P91 钢的老化评级标准只能定性判断材料的老化程度，还没与部件寿命建立定量关系。A 参数法基于蠕变孔洞的检测，A 参数是观察孔洞晶界数与观察的横切参照线的晶界总数之比（见图 2-91），但如"第四节　金属高温蠕变微观组织的老化"中所述，蠕变孔洞的检测在工程中仍存在一些不确定性，因此在使用中关键是如何准确地确定蠕变孔洞。

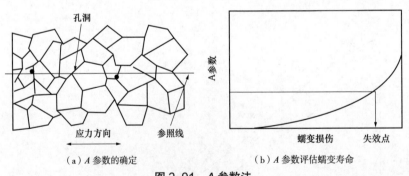

（a）A 参数的确定　　　　　　（b）A 参数评估蠕变寿命

图 2-91　A 参数法

$$A = N_C / N_0$$

式中　N_C ——产生孔洞的晶界数；

　　　N_0 ——横切参照线的晶界数。

以碳化物中合金元素的转移量为判据评估部件的蠕变寿命，在第四节中已经述及 12CrMo 和 15CrMo 钢在高温下运行不同时间后碳化物中 Mo 元素含量占基体中 Mo 元素的百分比数据分散性很大，随着运行时间的增长，分散性增加（见图 2-68），故用其进行寿命评估也有很大的不确定性。

图 2-92 示出了 2.25Cr–1Mo（T22/P22）钢随着温度的升高与时间的延长碳化物结构的变化，这些变化尚未与部件寿命建立联系，仅可定性判断部件的老化程度[25]。碳化物结构分析需采用 X– 射线进行结构检测，在工程中应用不是很方便，同时仅能测量部件非常小的局部部位，检测不同部位可能获得不同的结果，故仍需积累数据。

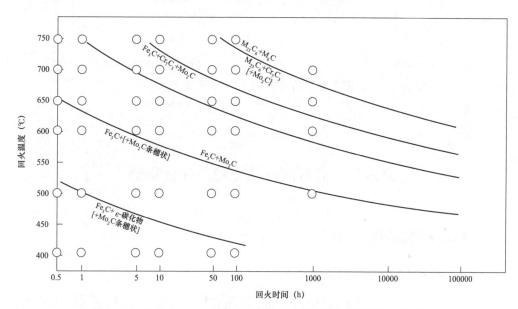

图 2-92　2.25Cr-1Mo 钢随着温度与时间的增加碳化物结构的变化

尽管关于微观组织老化、碳化物中合金元素的转移和碳化物结构的变化作为评估部件的蠕变寿命的判据仍存在不确定性，但在寿命评估中要充分考虑微观组织老化对寿命的影响。

四、基于物理参数的蠕变寿命评估方法

与物理量参数相关的蠕变寿命评估方法有电阻法、超声波能量衰减法等。电阻法基于材料高温蠕变下产生蠕变孔洞会导致电阻增加，根据电阻变化评估寿命。国内曾对 12Cr1MoV 钢试样在 540℃/100MPa 下进行不同时间的蠕变试验，获得不同损伤度的一组试样，然后测试不同损伤度试样的电阻，但测试的电阻值太过散乱，没有规律，故在工程中仍需进一步研究与实践。

超声波能量衰减法基于材料高温蠕变下产生蠕变孔洞会导致超声波能量衰减或噪声比变化，根据衰减比或噪声比评估寿命，图 2-93 示出了评估蠕变寿命的超声波法。与电阻法一样，超声波法在工程中仍需进一步研究与实践。

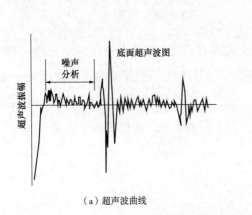

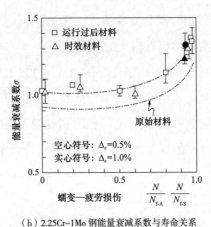

（a）超声波曲线　　　　　　　（b）2.25Cr-1Mo 钢能量衰减系数与寿命关系

图 2-93　评估蠕变寿命的超声波法
N_{f-A}—时效材料的寿命；N_{f-S} 服役材料的寿命

第六节　高温部件蠕变寿命评估案例

一、高温蒸汽管道寿命评估

1. P91 蒸汽管道蠕变寿命评估

某电厂一台 142MW 机组 1998 年 10 月投运，P91 钢制主蒸汽管道（$\phi 323.9 \times 28.6$mm）服役温度/压力为 565℃/13.72MPa。该条管道为国内最早使用的 P91 管道，且焊缝硬度极不均匀，现场用超声波硬度计检测的高硬度焊缝硬度达 306HBW，低硬度焊缝硬度为 167HBW，焊缝还存在不少超标缺陷，2002 年西安热工研究院对该条管道进行了蠕变寿命评估和焊缝缺陷断裂力学评定。

根据式（2-29）计算的主蒸汽管道环向应力 $\sigma_\theta=71.0$MPa，对计算应力取 1.25 系数后为 88.5MPa，查表 2-8，可见 P91 钢 565℃/88.5MPa 下的寿命大于 250000h。根据式（2-24）计算的主蒸汽管道蠕变寿命达 1633051h。

美国电力科学研究院（EPRI）对 P91 钢制主蒸汽管道（$\phi 406 \times 40.5$mm，设计温度/压力为 584℃/15MPa）的寿命进行了研究[4]，同时分析了直管段、弯头上存在低硬度软区对寿命的影响。应力分析采用有限元计算，材料性能采用蠕变速率。直段、弯头的最小寿命计算结果见表 2-26、表 2-27。由表 2-26、表 2-27 可见：正常硬度直管段的蠕变寿命在最大应力下的最小寿命达 1395761h，弯头蠕变寿命在最大应力下的最低寿命达 312214h。可见弯头的寿命明显低于管道直管段。表 2-26、表 2-27 中的低硬度区模型为从管道外壁到内壁均为低硬度，该低硬度的蠕变性能与 T22/P22 钢相当，图 2-94 示出了 600℃下 P91 低硬度与正常硬度材料蠕变速率的比较，也示出了低硬度 P91 与 T22 钢蠕变速率的比较，由图 2-94 可见，低硬度 P91 与 T22 钢蠕变速率相当。

表 2-26　　　　　　　　　主蒸汽管道直段寿命计算结果

管道参数：584℃/15MPa		低硬度管道	低硬度区（直径305mm）管道	低硬度区（直径152mm）管道	硬度正常管道
最小寿命（h）	按最大应力计算	29281	57784	124816	1395761
	按平均应力计算	60238	137570	314912	1903722

表 2-27　　　　　　　　　主蒸汽管道弯头寿命计算结果

管道参数：584℃/15MPa		低硬度管道	低硬度区（直径305mm）管道	低硬度区（直径152mm）管道	硬度正常管道
最小寿命（h）	按最大应力计算	8288	45156	106382	312214
	按平均应力计算	12581	118268	293283	451813

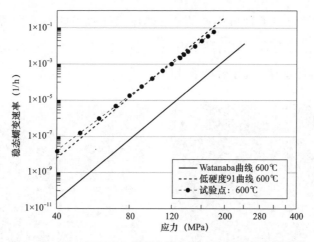

图 2-94　600℃下 P91 低硬度区与 T22 钢蠕变速率的比较

对美国电力科学研究院（EPRI）计算的 P91 钢制主蒸汽管道蠕变寿命，按持久强度进行计算。按式（2-29）计算的管道环向应力 σ_θ=67.7MPa，对计算应力取 1.25 系数后为 84.5MPa，查表 2-8，585℃/84.5MPa 下的寿命大于 250000h。根据式（2-24）计算的主蒸汽管道蠕变寿命达 2630267h。

2. P92 蒸汽管道蠕变寿命评估

算例 1：660MW 超超临界机组主热蒸汽管道

某电厂 660MW 超超临界机组 P92 钢制主热蒸汽管道（$\phi 460 \times 84$mm），设计压力 / 温度为 30.77MPa/610℃，实际运行压力 / 温度为 30.0MPa/605℃，对管道蠕变寿命进行评估。

按式（2-29）计算的主热蒸汽管道环向应力 σ_θ=67.1MPa，对计算应力取 1.25 系数后为 84.0MPa，查表 2-15，610℃/84MPa 下的寿命大于 250000h，则 605℃/67.1MPa 下的寿命一定也大于 250000h，根据式（2-25）计算的管道蠕变寿命为 625172h。

算例 2：1000MW 超超临界机组主蒸汽管道

某电厂 1000MW 超超临界机组 P92 钢制主蒸汽管道（ϕ493×72mm），设计压力／温度为 27.56MPa/610℃，实际运行压力／温度不高于 26.6MPa/604℃。管道设计时 P92 钢 610℃ 的许用应力为 79.4MPa（ASME CODE CASE 2179-3），后来 ASME CODE CASE 2179-6 降低了 P92 钢的许用应力，按降低后的许用应力，管道壁厚不满足设计强度条件。根据实际运行工况对管道蠕变寿命进行评估。

按式（2-29）计算的主蒸汽管道环向应力 σ_θ=77.8MPa，对计算应力取 1.25 系数后为 97.2MPa，查表 2-15，604℃/97.2MPa 下的寿命为 188333h，根据式（2-25）计算的主蒸汽管道蠕变寿命为 182810h。结果表明，查表结果与用 L-M 参数式计算的结果吻合。

图 2-95 示出了与该条管道相连的 P92 热压三通服役前后的微观金相组织，由图 2-95（b）可见，相对于运行前的微观组织［见图 2-95（a）］，运行 85515h 的 P92 钢马氏体形态清晰，略有分解，处于轻度老化阶段。

 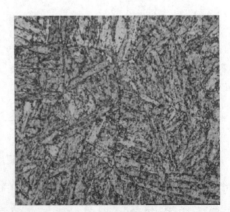

（a）服役前的组织　　　　　　　　　　　　（b）服役后的组织

图 2-95　P92 热压三通服役前后的微观金相组织

算例 3：1000MW 高效超超临界机组一次再热热段蒸汽管道

某电厂 1000MW 高效超超临界机组（再热温度为 620℃）P92 钢制一次再热热段管道（ϕ627×83mm），设计压力／温度为 15.73MPa/630℃，实际运行压力／温度为 13.08MPa/625℃。根据实际运行工况对管道蠕变寿命进行评估。

按式（2-29）计算的主蒸汽管道环向应力 σ_θ=42.86MPa，对计算应力取 1.25 系数后为 53.6MPa，查表 2–15，630℃/62.0MPa 下的寿命为 250000h，则 625℃/53.6MPa 下的寿命一定也大于 250000h，根据式（2–25）计算的管道蠕变寿命为 807617h。若按设计参数计算，630℃/64.436MPa 下的寿命小于 250000h，根据式（2–25）计算的管道蠕变寿命为 175643h。

以上对 P91、P92 管道的蠕变寿命分析没考虑材料在运行中的老化对寿命的影响，所以根据机组的运行历程，在合适的时机割取管段进行蠕变断裂试验，为管道寿命评估提供运行后材料性能。

对 P91、P92 蒸汽管道的蠕变寿命评估表明：

（1）在正常运行条件下，P91 管道相对 P92 管道的蠕变寿命更长。

（2）美国电科院对 P91 直段和弯头的蠕变寿命分析表明，直段的寿命远长于弯头。管道系统最薄弱的区段为弯头和焊接接头，直管段相对安全性更高。

国内最早的 P91 钢制管道是 1998 年 10 月投运的甘肃西固热电厂的 9 号机组主蒸汽管道（13.72MPa/565℃，ϕ323.9×28.6mm），目前运行近 26 年。

国内较早的 P92 钢制管道是 2006 年 10 月投运的华能玉环电厂的 1 号机组主蒸汽管道（26.6MPa/604℃，ϕ493×72mm）、华电邹县电厂 2006 年 12 月投运的 7 号机组主蒸汽管道（26.2MPa/605℃，ϕ548.3×82.9mm），这两条管道的建造均是按 ASME CODE CASE 2179–3 中提供的 P92 钢许用应力设计的壁厚，2006 年投运时 ASME 下调了 P92 钢的许用应力，目前这两条管道运行近 17 年。

二、锅炉高温受热面管寿命估算

锅炉高温过热器、高温再热器管在运行中具有如下特点。

（1）各管排、各管段沿炉膛宽度及高度方向的温度分布不均匀。同一管屏不同管排的管子，金属壁温可相差几十度；即使是同一根管子，长度方向温度也有差异。这种壁温差的存在导致不同区域、不同管段材料的老化损伤度不同，有的管段寿命较短，有些管段寿命较长。

（2）由于过热蒸汽作用，在高温过热器、高温再热器管内壁向火侧会形成氧化层，影响管壁金属的热交换，导致管壁金属温度升高，使管子寿命缩短。

（3）高温过热器、高温再热器管内壁氧化使有效壁厚减薄，导致管子应力增加，寿命缩短。

鉴于以上所述，高温过热器、高温再热器管的寿命估算要充分考虑管子内壁氧化对金属温度的影响，高温过热器、高温再热器管金属温度与内管内壁氧化层厚度、运行时间相关。在锅炉运行时间确定的条件下，管壁金属温度与管子内壁氧化层厚度有关。因此，只要测得管内壁氧化层厚度，就能够估算管子的金属温度，根据内壁氧化层厚度也可确定管子实际壁厚，进一步确定管子的环向应力，再根据管材的蠕变断裂特性，即可估算管子的蠕变寿命。

国外对高温过热器、高温再热器管内壁氧化层厚度与管壁金属温度、运行时间的关系进行了大量研究。表 2-28 列出了一些低合金 Cr-Mo 耐热钢管氧化层厚度与管壁金属温度、运行时间的估算公式[25]。

表 2-28   低合金 Cr-Mo 耐热钢管氧化层厚度与管壁金属温度、运行时间的估算公式

序号	公式		钢号	温度范围 ℃（℉）	量钢
1	$\log x = -7.1438 + 2.1761 \times 10^{-4} T(20 + \log t)$		1%~3%Cr	低于 FeO 形成温度	X（mils）、T（°R）
2	$y^2 = kt$ $1Cr-\frac{1}{2}Mo$ 钢： $\log k = (-7380/T) + 2.23$（$T \leqslant 585℃$） $\log k = (-48,333/T) + 49.28$（$T > 585℃$） $2\frac{1}{4}Cr-1Mo$ 钢： $\log k = (-7380/T) + 1.98$（$T \leqslant 595℃$） $\log k = (-48,333/T) + 49.2$（$T > 595℃$）		$1Cr-\frac{1}{2}Mo$ $1Cr-\frac{1}{2}Mo$ $2\frac{1}{4}Cr-1Mo$ $2\frac{1}{4}Cr-1Mo$	585(1085) 585(1085) 595(1103) 595(1103)	T（K）
3	$\log x = -6.8398 + 2.83 \times 10^{-4} T(13.62 + \log t)$		$2\frac{1}{4}Cr-1Mo$	429~649 (800~1200)	x（mils）、T（°R）
4	$x = \dfrac{cpt}{1+pt} + Et$ 式中 $\log (c、p$ 或 $E) = b_0 + b_1 T + b_2 T^2$，$b_0$、$b_1$ 和 b_2 值见下表 | 系数	b_0	b_1	b_2 | | c | 13.2413 | -2.5800×10^{-2} | 1.4319×10^{-5} | | P | -5.7267 | 4.7931×10^{-3} | -2.0905×10^{-6} | | E | 6.6488 | -2.4771×10^{-2} | 1.5425×10^{-5} |		$2\frac{1}{4}Cr-1Mo$	428~593 (800~1100)	x（μm）、T（℉）

注　x 是氧化层厚度；y 是管壁厚度减薄量；T 是温度；t 是时间，h；所有对数为以 10 为底的常用对数，°R= ℉ +460；K=℃+27³；1mm=10³μm=40 mils；$y=0.42x$。

DL/T 654—2022《火电机组寿命评估技术导则》中推荐采用式（2-35）计算管子的金属温度（537 ~ 648℃），即

$$T = \frac{5}{9} \times \left(\frac{\lg(x/n) + 8.4351}{0.00386 + 0.000283 \lg t} - 491.67 \right) \qquad (2-35)$$

式中　T——温度，℃；

　　　x——烟气侧内壁氧化层厚度，mm；

　　　t——管子运行时间，h；

　　　n——不同材料内壁氧化层生长系数。12Cr1MoV 和 10CrMo910，$n=1$；12Cr2MoWVTiB，$n=0.98$；T91、T92，$n=0.8$。

有的文献资料也介绍了式（2-36）描述不同钢制过热器管内壁氧化层厚度与运行时间、温度的关系，即

$$T = \frac{a}{\lg t + b - 2 \times \lg (0.467x)} \tag{2-36}$$

式中　　T——绝对温度，K；

　　a、b——常数（见表 2-29）；

　　　　t——管子运行时间，h；

　　　　x——氧化层厚度，mm。

表 2-29　　　　　　　　　　式（2-36）中的 a、b 常数

材料	温度（℃）	a	b
T22	≤ 595	7380	1.98
	> 595	48333	49.2
5%Cr1-Mo	≤ 605	7380	1.75
	> 605	48333	48.5
9%Cr1-Mo	≤ 615	7380	1.54
	> 615	48333	47.8

目前，对在役运行的高温过热器、高温再热器管采用超声波法检测管子向火侧内壁的氧化层厚度，根据检测结果，宜割取较厚氧化层的典型管段，在金相显微镜下测量管子内壁氧化层厚度，以与超声波检测的氧化层厚度进行比较修正。

图 2-96 示出了运行 100000h 的 2.25Cr-1Mo 钢制高温过热器，采用不同公式估算的氧化层厚度分别为 300μm、600μm、1200μm 的温度。由图 2-96 可见，采用不同的公式估算的温度差异较大。故对于运行管段金属温度的估算，应根据实测的管子内壁氧化层厚度、运行时间选取合适的温度估算公式，且将估算温度与炉内临测温度比较，以资修正。

获得了管子的实际金属温度、实测壁厚，即可根据管材的蠕变断裂性能预测管子的蠕变寿命。

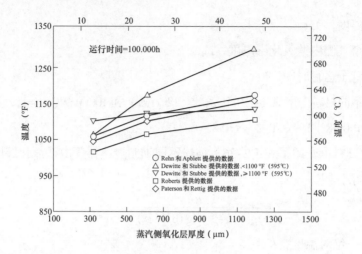

图 2-96　不同公式估算的运行管子的金属温度

表 2-30 示出了某电厂 2 号炉运行 89370h 的 12Cr1MoV 钢高温过热器（过热器出口压力／温度为 9.8MPa/540℃）的寿命评估结果汇总片段。

表 2-30　　　某电厂 2 号炉高温过热器的寿命评估结果汇总片段

管排号	根数	实测壁厚（mm）	内壁氧化层厚度（μm）	金属温度（℃）	应力（MPa）	剩余寿命（h）
41	1	5.16	330	572	34.98	100000
42	1	5.07	382	578	35.69	84318
43	1	4.72	365	576	38.70	45396
44	1	4.60	382	578	39.84	17568
45	1	5.16	330	572	34.98	100000
46	1	4.78	347	574	38.15	73542
47	1	5.04	330	572	35.93	100000
48	1	4.72	150	537	38.70	100000

对割取的氧化层较厚的样管，在实验室进行拉伸强度、硬度测定和微观组织老化检查，对管材的老化损伤做出评估，以对管子的剩余寿命做出综合评估。对于寿命较短、不能持续到下次检修的管段择机更换；对可继续运行的管段，重点监督剩余寿命较短的管段。根据不同管段剩余寿命的长短，管段在未来服役期间的氧化、磨损、腐蚀以及微观组织的老化确定检修周期，在下次锅炉检修期间对剩余寿命较短的管段再次进行内壁氧化层检测和寿命评估，为管段的运行监督和更换提供技术支持。

参考文献

［1］R. W. Evans and B. Wilshire，Creep of Metals and Alloys，department of Metallurgy and Materials Technology，University College，Swansea，The Institute of Metals，1985.

［2］K.Muruyama，C.Tanaka，H.Qikawa，Long-term creep curve prediction based on modified projection concept，Transacction of ASME，Journal of pressure vessel technology，Vol. 112，Feb. 1990.

［3］束国刚，李益民，梁昌乾，赵彦芬. 10CrMo910 钢薄壁主汽管 θ 法寿命评估及其应用研究. 热力发电，2000（4），36—41.

［4］EPRI-Elecfric-Power Research Institute Technical Report，Effect of soft-zone size on the creep performance of Grade 91 piping components，June，2011.

［5］周顺深. 火电厂高温部件剩余寿命评估. 北京：中国电力出版社，2006.

［6］杨宜科，吴天禄，江先美，朱景鹏. 金属高温强度及试验. 上海：上海科学技术出版社，1986.

［7］Fujio Abe，Influence of Oxidation on Esstimation of Long-Term Creep Rupture Strength of 2.25Cr-1Mo Steel by Larson-Miller Methord，Joumal of Pressure Vessel Technology，December 2019，Vol.141.

［8］李益民，姚兵印，史志刚，等. 户县热电厂主蒸汽母管蠕变剩余寿命评估. 西安热工研究院技术报告，TPRI/T4-RB-012-2005.

［9］李益民，史志刚，等. 西固热电厂主蒸汽母管运行安全性和剩余寿命估算. 西安热工研究院技术报告，1999.

［10］The Grade 22 Low Alloy Steel Handbook，2-1/4Cr-1Mo，10CrMo9 10，622，STPA24，EPRI-2005.

［11］火电厂延寿通用导则. 美国 EPRI 研究报告，1986.

［12］ECCC DATA SHEET 2017.

［13］Haarmann，J. C. Vaillant，B.Vandenberghe VALLOUREC & MANNESMANN TUBES，The T91/P91Book，2002.

［14］李益民，范长信，杨百勋，史志刚. 大型火电机组用新型耐热钢. 北京：中国电力出版社，2013.

［15］张筑耀. 采用镍基材料焊接 SUPER304H 和 HR3C 高温奥氏体耐热钢. 超（超）临界锅炉用及焊接技术协作网第二次论坛大会，西安，2007 年 11 月.

［16］梅林波. 9%Cr 钢汽轮机转子材料性能研究. 硕士论文，上海交通大学，2012 年

10 月.

［17］李益民，肖国华，杨百勋，等. 国内外 10%Cr 转子锻件性能的试验研究. 西安热工研究院技术报告，TPRI/TQ–RA–0–2012.

［18］杨百勋，田晓，徐慧，等. FB2 钢的高温持久特性与老化损伤分析. 西安热工研究院技术报告，TPRI/TQ–RA–170–2019.

［19］李益民，史志刚. 渭河发电有限公司 No. 4 炉高温过热器管材质评定与寿命估算. 西安热工研究院技术报告，TPRI/T4–CA–129 –2004.

［20］姚兵印，John Hald（丹麦技术大学）. 超超临界机组用新型耐热钢—P92 钢蠕变过程中组织性能变化规律的研究. 西安热工研究院有限公司技术报告，TPRI/TN–RA–032–2007.

［21］范丽霞，潘春旭，蒋昌忠，等. 奥氏体不锈钢超高温服役中组织转变的 EBSD "原位"研究. 中国体视学与图像分析，2005（12），233–236.

［22］李益民，史志刚，王彩侠，等. 华能邯峰发电有限责任公司 2 号炉末级过热器、再热器管材质评定和寿命估算. 西安热工研究院技术报告，2007 年 4 月.

［23］蒋智翔，杨小昭. 锅炉及压力容器受压元件强度. 北京：机械工业出版社，1999.

［24］法国 EDF, Some observations on the behaviour of a piping system at high temperature, Appendix V Effect of ovality in bends, Remannet life of main steam pipes in thermal power plant, siminar, IN XIAN, 29/08/1987.

［25］R. Viswanathan, Damage mechanisms and life assessment of high–temperature components, ASM International Metals Park, Ohio May 1993.

［26］EPRI–Electric–Power Research Instiftufe Technical Report, An informed perspective on the use of hardness testing in an integrated approach to the life management of grade 91steel components, April, 2016.

第三章

金属的疲劳损伤与疲劳寿命估算

火电机组中有许多部件在运行中伴随有疲劳载荷，机组在启 / 停、调峰运行工况下，汽轮机高中压转子由于热应力产生疲劳损伤，锅炉锅筒、汽水分离器、高压内缸、自动主汽门等大型部件由于热应力、内压应力产生疲劳损伤，特别在汽轮机高压转子轴封齿槽、应力释放槽，大型铸钢件的变截面部位、拐角以及汽水分离器、锅筒的接管角焊缝等应力集中部位，故开展火电机组部件疲劳寿命研究，对保障火电机组的安全运行具有重要的技术指导意义和工程应用价值。

第一节　金属的疲劳与疲劳断裂

材料或部件在持续交变载荷作用下产生裂纹，直至失效或断裂的现象称之为疲劳。其特点是破坏应力远低于材料抗拉强度，且疲劳断裂时不产生明显的宏观塑性变形，易造成灾难性的事故。在机械、动力、宇航等工程中，有 50% ～ 90% 的部件失效归咎于疲劳。产生疲劳的交变载荷可为周期交变载荷和随机交变载荷，周期交变疲劳加载波形有正弦波、三角波、矩形波、梯形波等（见图 3-1），载荷循环方式有对称循环、脉动循环、非对称循环等。疲劳加载方式有旋转弯曲疲劳、拉 – 压疲劳、扭转疲劳、温度循环引起的热疲劳等，考虑环境因素有腐蚀疲劳、高温疲劳等。

早在 1829 年，德国人 J. 阿尔贝特（J. Albert）就对矿山卷扬机的疲劳断裂进行了研究，1839 年法国人 J.V. 蓬斯莱（J. V. Poncelet）首次提出金属疲劳这一概念，1852 年德国人 A. 沃勒（A. Whler）为解决机车车辆部件的疲劳断裂，首次对钢铁材料进行了较系统的旋转弯曲疲劳试验。

交变载荷在部件中产生循环应力，图 3-2 示出了几种典型的循环应力变化规律。图 3-2 中 σ_{max} 和 σ_{min} 是循环应力的最大、最小代数值；平均应力 $\sigma_m = (\sigma_{max} + \sigma_{min})/2$；应力幅

$\sigma_a = (\sigma_{max} - \sigma_{min})/2$；$R = \sigma_{min}/\sigma_{max}$，称之为应力比，也叫循环特征系数。当 $R=-1$ 时为对称循环，$R=0$ 时为脉动循环，$1 > R > -1$ 时为非对称循环。应力循环的概念同样适用于应变循环，只需把应力 σ 改为应变 ε 即可。

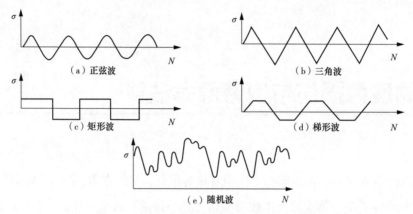

图 3-1 疲劳的周期交变载荷和随机交变载荷

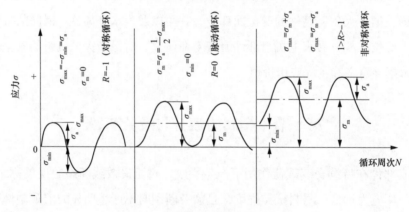

图 3-2 几种典型的循环载荷类型

在循环加载中，首先在材料中处于最大切应力的晶粒表面诸如滑移带等处萌生疲劳裂纹，在随后的循环加载中裂纹扩展。裂纹扩展的第一阶段，疲劳裂纹沿具有最大切应力的滑移面长大（晶体学扩展）。第二阶段沿着垂直于最大正应力的方向扩展（非晶体学扩展）（见图3-3）。疲劳断口形成三个区：疲劳源区、裂纹扩展区和最后瞬断区（见图3-4）。疲劳源区多出现在部件表面，多与微裂纹、缺口、刀痕、腐蚀坑相关。疲劳源区可以是一个或多个，与部件的应力状态相关，应力越高，疲劳源区也多。裂纹扩展区断口较平滑，分布有同心弧线的贝壳状花样或海滩状花样，凹侧指向疲劳源区，凸侧指向裂纹扩展方向，每一弧线为一次应力交变所造成的裂纹扩展前沿线。近疲劳源区贝纹线较细密，表明裂纹扩展较慢；远离疲劳源区贝纹线较宽疏，表明裂纹扩展较快。裂纹扩展区范围的大小与应力高低、材料状态有关：应力较高、材料韧性较差，则裂纹扩展区范围较小，贝纹线不明显；应力较低、材料韧性较好，则裂纹扩展区范围较大，贝纹线明显。瞬断区断口宏观较粗糙，与拉伸断口相近，脆性材料呈结晶状，韧性材料心部平面应变区呈放射状或人字纹，边缘平面应力区有剪切唇存在。

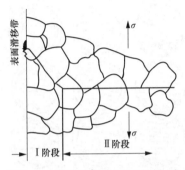
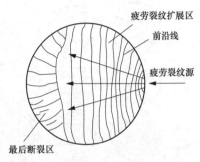

图 3-3　疲劳裂纹萌生与扩展示意　　　图 3-4　疲劳断口宏观形貌示意图

疲劳断裂一般没有明显的塑性变形，因而又称之为"脆性断裂"。图 3-5 示出了 0Cr17Ni4Cu4Nb 叶片的疲劳断口宏观形貌特征。

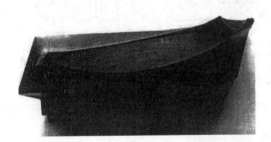

图 3-5　叶片的疲劳断口宏观形貌特征

疲劳破坏对部件裂纹，缺口，表面粗糙度，材料中的疏松、白点、脱碳、非金属夹杂等较为敏感，以上缺陷会导致应力集中。图 3-6 示出了疲劳裂纹源于轴心部的疏松，图 3-7 所示为高应力下的多个疲劳源区。

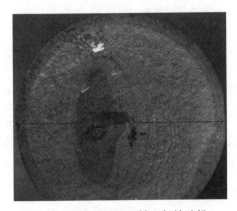

图 3-6　疲劳裂纹源于轴心部的疏松　　　图 3-7　高应力下的多个疲劳源区

循环应力类型和幅度对疲劳断口的宏观形貌有显著影响，图 3-8 示出了几种加载条件下疲劳断口的宏观形貌特征。各种弧线表示疲劳区，阴影区为瞬断区。

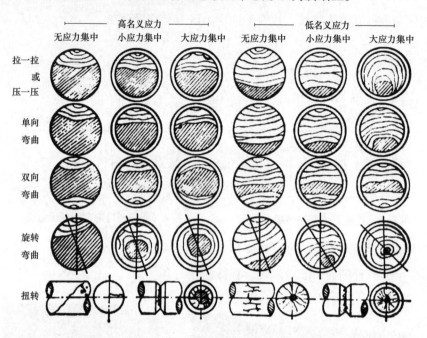

图 3-8　几种加载条件下疲劳断口的宏观形貌特征

按疲劳寿命长短、载荷高低和加载频率的快慢可分为高周疲劳和低周疲劳，表 3-1 示出了高周疲劳与低周疲劳的差异。高周疲劳试验通常控制应力，所以也称应力疲劳；低周疲劳试验通常控制应变，所以也称为应变疲劳。

表 3-1　　　　　　　　　　　　高周疲劳与低周疲劳的差异

项目	断裂寿命	应力水平	加载频率（Hz）
高周疲劳	$> 10^5$ 周次	低于材料屈服强度	> 30
低周疲劳	$\leq 10^5$ 周次	高于材料屈服强度	≤ 10

按加载应力疲劳可划分为机械疲劳、热疲劳与热－机械疲劳，工程中大多数部件承受机械疲劳。温度循环导致的疲劳称之为热疲劳，有机械循环载荷还有温度循环的疲劳称之为热－机械疲劳。火电机组金属部件的疲劳按寿命长短多为低周疲劳，对一些大截面厚壁部件，按加载应力为热疲劳与热－机械疲劳，例如汽轮机高中压转子轴封齿槽、应力释放槽、大型高温铸钢件变截面处疲劳裂纹，锅筒、汽水分离器、集箱接管座角焊缝处疲劳开裂以及水冷壁热负荷较高区段的疲劳裂纹，高周疲劳多出现在汽轮机叶片和一些轴类零件。

第二节　金属的高周疲劳

一、金属材料高周疲劳性能

高周疲劳的强度判据是疲劳极限。图 3-9 示出了材料的疲劳曲线示意图。对有水平段的材料，试样经"无数次"循环后不发生疲劳破坏的最大应力称之为疲劳极限；对无明显水平段的材料，通常规定一定循环周次不发生断裂的应力称之为条件疲劳极限。对于钢材，一般规定大于或等于 10^7 循环周次而不破坏的应力即为疲劳极限；对于铝合金等有色金属，规定大于或等于（$5 \sim 10$）$\times 10^7$ 次而不破坏的应力为

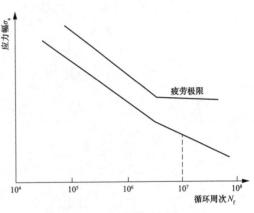

图 3-9　材料的疲劳曲线示意图

疲劳极限。疲劳极限的大小与应力比 R 有关，对于对称循环，疲劳极限表示为 σ_{-1}；对于非对称循环，疲劳极限表示为 σ_R。

疲劳极限通过疲劳试验获得，国内外有诸多高周疲劳试验标准，例如：

GB/T 4337—2015《金属材料疲劳试验　旋转弯曲方法》

GB/T 3075—2021《金属材料疲劳试验　轴向力控制方法》

GB/T 12443—2017《金属材料　扭矩控制疲劳试验方法》

最常用高周疲劳试验方法为对称旋转弯曲疲劳试验，试验机结构简单，操作方便，可对试样进行恒应力对称循环加载（见图 3-10）。

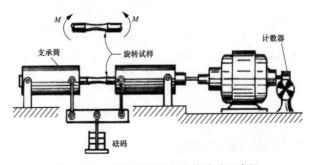

图 3-10　对称旋转弯曲疲劳试验示意图

通常采用多于 12 根以上的试样用升降法测定条件疲劳极限，取 3 ～ 5 级应力水平，每一级的应力增量一般为 3% ～ 5%。第 1 根试样的加载应力略高于疲劳极限 σ_{-1}。第 2 根试样的加载应力根据第 1 根试样的结果确定，若第 1 根试样断裂，则第 2 根试样降低应力 3% ～ 5%；反之，则增加应力 3% ～ 5%，其余试样均以此处理。首次出现一对结果相反的加载应力，若处于后续加载应力的范围内，则这对数据作为有效数据；若超出后续加载应力的范围内，则舍去该数据。图 3-11 示出了用升降法测定疲劳极限示意图，图 3-11 中的第 1 根试样应力超出后续加载应力范围，为无效数据。

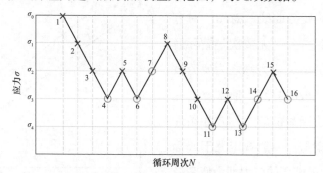

图 3-11　升降法测定疲劳极限示意图

对试验结果，按式（3-1）计算条件疲劳极限，即

$$\sigma_{\mathrm{R}} = \frac{1}{m} \sum_{i=1}^{n} v_i \sigma_i \qquad (3-1)$$

式中　m ——有效试验总次数（破坏或通过数据计算在内）；

　　　n ——试验应力水平级数；

　　　v_i ——第 i 级应力水平下的试验次数；

　　　σ_i ——第 i 级应力水平。

由于疲劳试验结果有一定的分散性，应力越低分散性越大。在同一应力下，疲劳寿命可以相差几倍。所以有必要确定疲劳破坏的概率，把具有某一存活率 $P(N)$ 的 σ-N 曲线定名为 P-σ-N 曲线或 P-S-N 曲线。P-σ-N 曲线上标示的 P 值为给定存活率下的 σ-N 曲线。在同一应力幅 σ_a 下进行多个样品的疲劳试验，结果表明失效循环数 N_f 以对数正态函数的形式分布在一个寿命分散带上，把不同应力幅下相对于失效循环数 N_f 的概率在单对数坐标上描点画线，就获得了材料的 P-σ-N 曲线（见图 3-12、图 3-13），P-σ-N 曲线上可给出某一应力幅下材料的安全寿命，可用于部件的疲劳寿命设计、估算和疲劳失效分析。

二、火电机组常用材料的高周疲劳性能

表 3-2 ～表 3-10 和图 3-12、图 3-13 示出了火电机组常用金属材料的高周旋转弯

曲疲劳性能[1]。

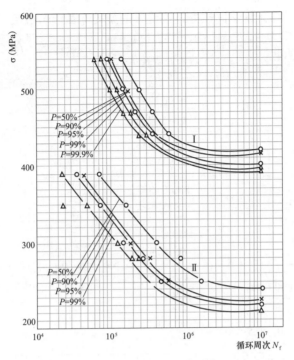

图 3-12　40Cr 钢的 P-σ-N 曲线

Ⅰ—光滑试样；Ⅱ—缺口试样（应力集中系数 $K_t=2$）

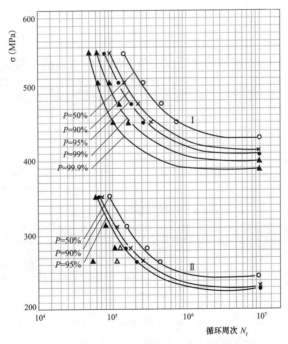

图 3-13　35CrMo 钢室温下的 P-σ-N 曲线

Ⅰ—光滑试样；Ⅱ—缺口试样（应力集中系数 $K_t=2$）

1. 40Cr 钢

表 3-2　　　　　　　40Cr 钢不同热处理制度下的旋转弯曲疲劳极限

主要化学成分（%）			热处理制度	抗拉强度（MPa）	σ_{-1}（MPa）	σ_{-1N}（MPa）	σ_{-1p}（MPa）
C	Cr	Mn					
0.40	0.96	0.71	860℃油淬，600℃回火	—	486.4	333	—
0.38	1.16	0.64	850℃油淬，580℃回火	963.0	—	—	510
0.44	1.08	0.48	850℃油淬，580℃回火	945.4	—	—	470
0.37	0.96	0.65	850℃油淬，600℃回火	892	507.0	172.6	—
0.37～0.45	0.8～1.10	0.5～0.8	850℃油淬，500℃回火	980.7	470～510	—	—
0.37～0.45	0.8～1.0	0.5～0.8	高频表面淬火，200℃回火	—	549.2	—	—

注　σ_{-1}—光滑试样对称旋转弯曲疲劳极限；σ_{-1N}—缺口试样对称旋转弯曲疲劳极限；σ_{-1p}—对称拉压疲劳极限。

2. 35CrMo 和 42CrMo 钢

表 3-3　　　　　　35CrMo 钢不同热处理制度下的旋转弯曲疲劳极限

热处理制度	抗拉强度（MPa）	σ_{-1}（MPa）	备注
870℃油淬，600℃回火	1050	450	
	944	470	钢坯直径 ϕ80
	1054	510	钢坯直径 ϕ20

表 3-4　　　　　　　　42CrMo 钢的旋转弯曲疲劳极限

试样形状	指定存活率下的疲劳极限 σ_{-1}（MPa），指定寿命 10^7				
	50%	90%	95%	99%	99.9%
圆柱形试样 ϕ9.48×162mm	504（S=12.3650）	488	484	475	466
缺口试样 R=0.75mm，K_t=2	313（S=7.1589）	304	301	296	291

注　表中的 S 为标准差；试样热处理制度：850℃油淬，580℃回火空冷。

3. 12Cr13（1Cr13）钢

表 3-5   12Cr13 钢不同温度下的旋转弯曲疲劳极限

项目	20℃	300℃	500℃	550℃
σ_{-1}（MPa）	367.5	271.5	247.9	191.1
σ_{-1N}（MPa）	183.3	114.7	104.9	100.0

注   试样热处理制度：1030~1050℃油淬，680~700℃回火。

表 3-6   12Cr13 钢光滑试样与缺口试样的旋转弯曲疲劳极限

试样形状	指定存活率下的疲劳极限 σ_{-1}（MPa，指定寿命 10^7）					备注
	50%	90%	95%	99%	99.9%	
光滑试样 d=9.48mm	374（S=12.99）	358	353	344	334	（1）试样经 1050℃油淬，720℃回火，保温 2h。（2）C：0.11%；Mn：0.29%；Si：0.25%；Cr：12.78%；Ni：0.14%；P：0.025%；St：0.009%
缺口试样 d=9.48mm R=0.75mm	222（S=9.67）	209	206	199	192	

注   缺口试样的应力集中系数 K_t=2。

4. 20Cr13（2Cr13）钢

表 3-7   20Cr13 钢不同状态、不同温度下的旋转弯曲疲劳极限（1×10^7 周次）

热处理制度	温度（℃）	光滑 σ_{-1}	缺口 σ_{-1N}	热处理制度	温度（℃）	光滑 σ_{-1}
		MPa				MPa
1020～1050℃油淬 700～720℃回火	20	363	235	1100～1200℃油淬 680℃回火		314
	200	343	216			
	300	314	196			
	400	304	167	1000～1050℃油淬 680℃回火		372
	500	235	127			
淬火＋回火后 经喷丸强化处理	20	392	284			
	300	363	235			
	400	314	226			

续表

热处理制度	温度（℃）	光滑 σ_{-1}	缺口 σ_{-1N}	热处理制度	温度（℃）	光滑 σ_{-1}
		MPa				MPa
1000℃ 36min 油淬 700℃ 3h 空冷	20	372		1000～1020℃油淬 700～720℃回火	20	363.0
	200	343			200	343.0
	300	323			300	314.0
	400	323			400	304.0
	500	294			500	235.2

5. 1Cr11MoV、1Cr12WMoV、2Cr12NiWMoV（C422）钢的疲劳性能

表 3-8　　　　1Cr11MoV 钢不同温度下的旋转弯曲疲劳极限

项目	20℃	480℃	510℃	热处理状态
σ_{-1}（MPa）	402	350	332	1000～1030℃油淬，660～720℃回火

表 3-9　　　　1Cr12WMoV 钢不同温度下的旋转弯曲疲劳极限

项目	屈服强度（MPa）	σ_{-1}（MPa）	σ_{-1N}（MPa）	试样状态
20℃	735	373	165	
20℃		373～412		1000℃油淬，680℃回火
580℃	686	294		
600℃		284		

表 3-10　　2Cr12NiWMoV（C422）钢不同温度下、具有指定存活率的
旋转弯曲疲劳极限

试样形状	温度（℃）	指定存活率下的疲劳极限 σ_{-1}（MPa），指定寿命 10^7				
		50%	90%	95%	99%	99.9%
圆柱形（光滑）	室温	516（S=11.6）	502	497	489	481
	430	432（S=11.9）	417	412	404	395
	540	352（S=10.5）	338	335	327	319
	570	327（S=12.1）	312	307	299	290

注　S 为数据处理的标准差。

三、疲劳极限与拉伸强度之间的关系

不同类型钢的对称循环弯曲疲劳极限 σ_{-1} 与抗拉强度 σ_b 的关系见图 3-14。由图 3-14 可见，不同强度的碳钢 σ_{-1} 与 σ_b 大致呈线性关系。

不同类型金属的疲劳极限与屈服强度 σ_y、抗拉强度 σ_b 的关系可用经验公式（3-2）表示，即

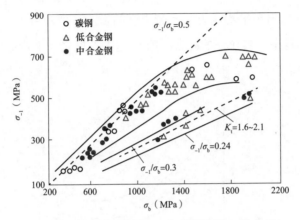

图 3-14　钢的疲劳极限 σ_{-1} 与抗拉强度 σ_b 的关系

K_t—应力集中系数

$$
\left.
\begin{aligned}
&结构钢：\sigma_{-1p}=0.23(\sigma_y+\sigma_b)；\quad \sigma_{-1}=0.27(\sigma_y+\sigma_b)\\
&铸铁：\sigma_{-1p}=0.4\sigma_b；\quad \sigma_{-1}=0.45\sigma_b\\
&铝合金：\sigma_{-1p}=\sigma_b/6+7.5；\quad \sigma_{-1}=\sigma_b/6-7.5\\
&青铜：\sigma_{-1}=0.21\sigma_b
\end{aligned}
\right\}
\tag{3-2}
$$

根据大量试验结果，钢铁材料的对称循环拉压疲劳极限 σ_{-1p}、对称扭转疲劳极限 τ_{-1} 与旋转弯曲疲劳极限 σ_{-1} 有如下经验关系，即

$$
\left.
\begin{aligned}
&\sigma_{-1p}=（0.6\sim1.0）\sigma_{-1}（塑性材料取下限，高强度材料取上限）\\
&\tau_{-1}=（0.55\sim0.9）\sigma_{-1}（塑性材料取下限，高强度材料取上限）
\end{aligned}
\right\}
\tag{3-3}
$$

四、影响疲劳强度的主要因素

除了部件的服役条件（应力和环境）外，部件材料特性和质量、表面强化及残余应力、表面状态等因素均会影响部件的疲劳强度。一般材料拉伸强度高，疲劳强度也高，但高的拉伸强度对疲劳裂纹敏感，因此，高强度钢制部件的表面缺陷、台阶、拐角更易出现疲劳裂纹，且一旦出现裂纹，裂纹的疲劳扩展速度较快，高强度钢制部件更要提高表面质量。

材料质量与部件的疲劳强度相关，部件材料中的气孔、缩孔、偏析、非金属夹杂等

往往成为疲劳裂纹的萌生处，材料在轧制和锻压时，夹杂物沿压延方向形成流线，流线纵向疲劳强度高于横向。

部件表面强化会在部件表面形成压应力，可有效提高部件的疲劳强度。

1. 平均应力的影响

金属材料的疲劳极限通常在对称循环试验下获得，但工程中多数部件是在非对称循环加载下服役。非对称循环应力可分解为静应力（即平均应力 σ_m）和幅值为 σ_a 的对称循环应力。图 3-15 示出了平均应力对疲劳强度的影响，由图可见，对于给定的循环周次 N，平均应力 σ_m 越小，则允许的应力幅值 σ_a 越大；反之，平均应力 σ_m 越大，则允许的应力幅值 σ_a 越小。

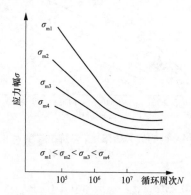

图 3-15　σ_m 对疲劳强度的影响

根据大量的疲劳试验结果，平均应力 σ_m、应力幅 σ_a 和材料屈服强度 σ_y、抗拉强度 σ_b 之间有如下关系[2]，即

$$\text{Gerber} \quad \frac{\sigma_a}{\sigma_{-1}} + \left(\frac{\sigma_m}{\sigma_b}\right)^2 = 1 \qquad (3-4)$$

$$\text{Goodman} \quad \frac{\sigma_a}{\sigma_{-1}} + \frac{\sigma_m}{\sigma_b} = 1 \qquad (3-5)$$

$$\text{Soderbery} \quad \frac{\sigma_a}{\sigma_{-1}} + \frac{\sigma_m}{\sigma_y} = 1 \qquad (3-6)$$

上述关系式的几何图形称为疲劳极限图或疲劳强度－静强度图，简称疲劳图。其中常用的 Goodman 疲劳制作示意图如图 3-16 所示，图 3-16 中画出了三种循环应力。

疲劳极限图最好依据疲劳试验结果绘制，但需进行大量的疲劳试验。也可依据对称循环疲劳试验结果和材料的拉伸强度简化绘制。图 3-17 示出了简化绘制的疲劳图，在纵坐标上选取 A、A' 点，分别对应对称循环疲劳极限 $\pm\sigma_{-1}$，在横坐标上选取 B、D 点，分别对应材料的抗拉强度 σ_b 和屈服强度 σ_y，从 O 点作 45° 斜线 OC，则 $OB=BC=\sigma_b$，$OD=DF=\sigma_y$，又取 H 点，使 $OH=HI=IJ=\sigma_a/2$，在脉动循环下（$R=0$）$\sigma_a=\sigma_m$。于是，

AJEFGHA′ 即为材料的疲劳极限图。由于最大应力幅 $\sigma_{\max} > \sigma_y$ 时材料屈服，故疲劳极限线图以 σ_y 为极限，舍去过高部分。

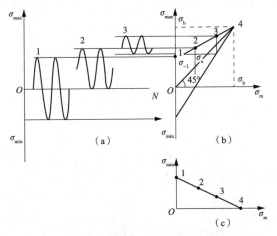

图 3-16　Goodman 疲劳图制作示意图

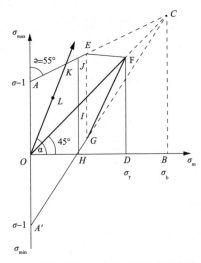

图 3-17　根据材料的 σ_{-1} 和拉伸强度绘制的疲劳图

疲劳极限图表明循环载荷在 AJEFGHA′ 范围内任意点部件不会发生疲劳破坏，在 AJEFGHA′ 范围之外的点，经一定循环周次后会发生疲劳破坏。疲劳极限图还可用来确定部件的许用应力或部件的服役安全系数。在图 3-17 中从 O 点做直线交 $\sigma_{\max}$ 线于 K 点，OK 与横坐标夹角为

$$\tan\alpha = \frac{\sigma_{\max}}{\sigma_m} = \frac{2\sigma_{\max}}{\sigma_{\max}+\sigma_{\min}} = \frac{2\sigma_{\max}}{\sigma_{\max}\left(1+R\right)} = \frac{2}{1+R} \qquad (3-7)$$

OK 线上任一点都表示应力比 R 的最大应力 $\sigma_{\max}$ 和平均应力 σ_m。假设一部件承受 L 点表示的应力循环，则其安全系数 $n=OK/OL$；反之，若知应力比 R 和安全系数 n 也可

求得许用应力。

图 3-18 示出了 FB2（13Cr9Mo1Co1NiVNbNB）转子钢室温和 620℃下的疲劳图，由图 3-18 可见，FB2 转子钢的疲劳极限与平均应力呈 Gerber 抛物线关系。

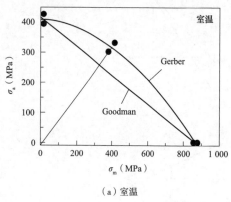

（a）室温

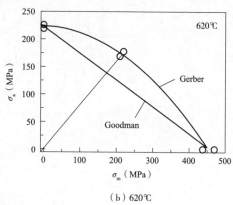

（b）620℃

图 3-18　FB2 转子钢的疲劳图

2. 应力集中的影响

通常材料的疲劳极限图采用光滑试样获得，但实际工程部件带有台阶、拐角、键槽、螺纹、孔等，这些部位类似缺口，存在应力集中，会降低材料的疲劳强度，常用疲劳缺口敏感度 q_f 表示材料在疲劳载荷下的缺口敏感性，则

$$q_f = \frac{K_f - 1}{K_t - 1} \tag{3-8}$$

$$K_f = \frac{\sigma_{-1}}{\sigma_{-1N}} \tag{3-9}$$

式中　K_f ——疲劳缺口应力集中系数；

　　　K_t ——理论应力集中系数；

　　　σ_{-1} ——光滑试样的疲劳极限；

　　　σ_{-1N} ——缺口试样的疲劳极限。

K_f 大于 1，q_f 在 0～1 之间。极端状态下，$q_f=0$，即 $K_f=1$，缺口不降低疲劳极限，表明疲劳加载过程中应力产生了大的重新分布，应力集中效应完全消除，材料疲劳缺口敏感性最小；$q_f=1$，即 $K_f=K_t$，表明缺口试样疲劳加载过程中应力分布与弹性状态完全一样，未发生应力重新分布，这时缺口降低疲劳极限最严重。

q_f 与材料强度和缺口几何尺寸密切相关，图 3-19 示出了缺口半径与材料抗拉强度对 q_f 的影响，由图 3-19 可见，材料抗拉强度越高，q_f 越大；缺口根部半径越小，q_f 越小。

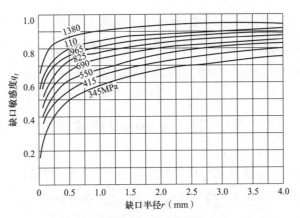

图 3-19　缺口半径与材料抗拉强度对 q_f 的影响

3. 表面强化与表面质量的影响

部件表面喷丸或滚压强化会在部件表面形成压应力，可有效提高部件的疲劳强度。其效应对承受弯曲疲劳的部件大于承受扭转疲劳的部件，对承受拉压疲劳的部件效应较小。

部件表面越光滑，疲劳强度越高，表面越粗糙，疲劳强度降低。图 3-20 示出了不同加工方法（即不同的表面粗糙度）对疲劳强度的影响。由图 3-20 还可看出，材料强度越高，表面粗糙度影响越大。

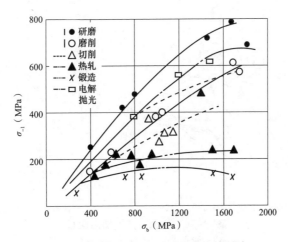

图 3-20　表面粗糙度对疲劳强度的影响

五、部件高周疲劳寿命评估

理论上部件危险部位的应力低于材料的疲劳极限，部件不发生高周疲劳失效。材料疲劳极限可通过实验获得，也可查阅相关资料。对称循环载荷下，部件危险部位的应力幅 $\sigma_a \leqslant \sigma_{-1}$；对于非对称循环，按疲劳图确定部件的安全循环应力幅。

考虑材料疲劳应力 – 寿命数值的分散度，因此应考虑安全系数。通常试验获得的 $\sigma\text{–}N$ 曲线或 $S\text{–}N$ 曲线为存活率 50% 的疲劳应力 – 寿命曲线，也就是中值寿命曲线。需要计算的疲劳寿命安全度越高，就需选取存活率越高的 $P\text{–}\sigma\text{–}N$ 曲线。

第三节　金属的低周疲劳

低周疲劳的循环应力通常超过材料的屈服强度，失效循环数在 10^5 以下，低周疲劳试验通常在控制恒应变下进行，故也称为应变疲劳或塑性疲劳。相对于高周疲劳，低周疲劳试验可获得材料的循环硬化或软化特性、循环应力 – 应变曲线和应变 – 寿命曲线。

一、低周疲劳循环特性

金属材料在弹性范围内循环加载，应力 – 应变呈线性关系。低周疲劳的循环应力超过材料的屈服强度，故循环应力 – 应变不呈线性关系，形成应力 – 应变迟滞回线，图 3–21（a）示出了对称拉压循环加载中的应力 – 应变滞后回线，图 3–21（b）所示为单次循环的应力 – 应变滞后回线，回线的面积表征了一个循环加载消耗的不可逆的塑性应变能。图 3–21（b）中的 $\Delta\varepsilon_t$ 为应变范围、$\Delta\varepsilon_p$ 为塑性应变范围、$\Delta\varepsilon_e$ 为弹性应变范围、$\Delta\sigma$ 为应力范围。

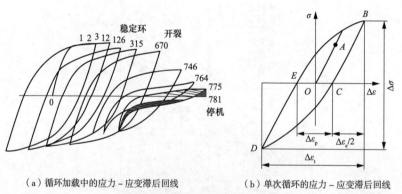

（a）循环加载中的应力 – 应变滞后回线　　（b）单次循环的应力 – 应变滞后回线

图 3-21　应力 – 应变滞后回线

低周疲劳循环加载过程中初始阶段和临近断裂阶段的应力 – 应变滞后回线不稳定。初始阶段表现为较强的循环软化或循环硬化，即拉伸峰值应力不断变化；临近断裂阶段，应力 – 应变滞后回线峰值应力明显下降，且压缩区段出现下凹。这两个阶段在整个疲劳寿命中的占比约为 10%，中间阶段处于稳定状态，通常将总循环周次（寿命）一半处的应力 – 应变滞后回线作为稳定应力 – 应变滞后回线。依据稳定应力 – 应变滞后回线的 $\Delta\sigma$、$\Delta\varepsilon_p$、$\Delta\varepsilon_e$、$\Delta\varepsilon_t$ 确定材料的循环应力 – 应变方程（曲线）和应变 – 寿命方程（曲线）。

二、循环硬化与软化

图 3-22 示出了金属材料的循环软化与硬化特性。在控制应变循环下，应力峰值随循环次数的增加而上升，或在控制应力循环下，应变幅度随循环次数的增加而减少的现象称为循环硬化；反之，则称为循环软化。一般当材料的抗拉强度与屈服强度之比 σ_b/σ_y 大于 1.4 时，表现为循环硬化；σ_b/σ_y 比小于 1.2 时，发生循环软化。

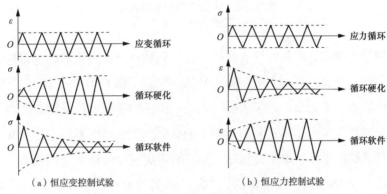

图 3-22 金属材料的循环软化与硬化特征

对火电机组用钢来说，强度较高的汽轮机、发电机转子材料表现为循环软化，强度较低的锅筒、汽水管道材料表现为循环硬化。图 3-23 示出了汽轮机转子用 FB2 钢的循环软化特性，图 3-24 示出了锅筒用钢 19Mn5 的循环硬化特性。

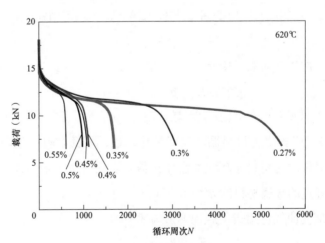

图 3-23 FB2 钢的循环软化特征

注：图中的 % 为应变幅 ε_a。

金属材料的循环硬化或循环软化除与其拉伸强度相关外，在控制应变条件下，还与应变量相关。由图 3-24 可见，对于 19Mn5 钢来说，当 $\varepsilon_a \geq 0.8\%$ 时，在最初几周内表现为剧烈硬化，随后缓慢硬化；当 $\varepsilon_a \leq 0.6\%$ 时，则表现为先剧烈软化，再随后缓慢硬化。

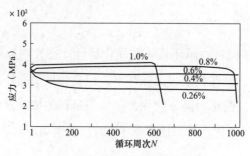

图 3-24 19Mn5 钢的循环硬化
注：图中的 % 为应变幅 ε_a。

材料这种循环硬化、软化特性，反映了材料在循环过程中内部的位错移动、累积等效微观应变分布。文献［3］计算分析了 19Mn5 钢应变幅 ε_a=0.4%、0.8% 下铁素体与珠光体内的累积等效应变分布，结果表明，无论在试样的纵截面还是横截面内，铁素体中的累积塑性应变约为珠光体内累积塑性应变的 2 倍。铁素体内累积塑性应变的增加使铁素体内网络状缠结位错发生聚集性缠结，形成具有高密度位错缠结的胞壁，从而引起铁素体强化。由于 19Mn5 钢中铁素体约占 70%，故其铁素体的强化必然引起 19Mn5 钢的循环硬化。

三、循环应力 - 应变曲线

把不同应变的一组稳定应力 - 应变滞后回线的峰值应力光滑相连，画出的曲线即为循环应力 - 应变曲线。材料的塑性应变幅 ε_{pa} 与应力幅 σ_a 的关系可用式（3-10）来描述，即

$$\sigma_a=K'(\varepsilon_{pa})^{n'} \tag{3-10}$$

对式（3-10）两边取对数，则有

$$\lg\sigma_a=\lg K'+n'\lg(\varepsilon_{pa}) \tag{3-11}$$

由式（3-11）可见：σ_a 与 ε_{pa} 在双对数坐标中为线性关系，用最小二乘法拟合，即可求得 K' 和 n' 值。K' 称之为材料循环应变硬化系数，表征材料产生单位循环塑性变形时的真实应力；n' 称之为材料循环应变硬化指数，表征材料产生塑性变形的能力。到目前为止，所有研究过的金属材料的 n' 值介于 0.05～0.5 之间。

循环应力 - 应变曲线可用式（3-12）来描述，即

$$\varepsilon_a=\frac{\sigma_a}{E}+\left(\frac{\sigma_a}{K'}\right)^{1/n'} \tag{3-12}$$

式（3-12）中第一项表示弹性应变，第二项为塑性应变。

式中　ε_a——应变幅值；

σ_a——稳定应力 - 应变滞后回线的应力幅值；

E——材料弹性模量。

图 3-25 和图 3-26 示出了汽轮机转子用钢 30Cr2MoV 和 FB2 钢的循环应力 – 应变曲线和 K'、n' 值，图 3-25 和图 3-26 中也示出了材料的拉伸应力 – 应变曲线，由图 3-25 和图 3-26 可见：循环应力 – 应变曲线明显低于拉伸应力 – 应变曲线，由此在汽轮机转子强度设计和运行安全性评价中，要考虑转子材料的循环软化特性，即运行一段时间后强度降低。

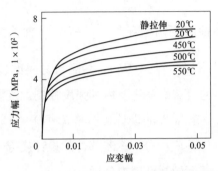

试验温度（℃）	K'	n'
20	885.4	0.1043
450	757.3	0.0971
500	635.5	0.0858
550	618.5	0.0921
静拉伸	k 1016.2	n 0.1185

图 3-25　30Cr2MoV 钢的循环应力 – 应变曲线和 K'、n' 值

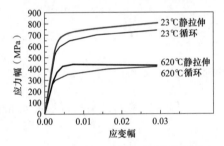

试验温度（℃）	K'	n'
23	961.2156	0.06862
550	784.6934	0.10910
620	617.1635	0.10084

图 3-26　FB2 钢的循环应力 – 应变曲线和 K'、n' 值

图 3-27 和图 3-28 示出了锅筒用钢 19Mn5 和 BHW35（13MnNiMoR、13MnNiMo5-4、DIWA353）的循环应力 – 应变曲线和 K'、n' 值。由图 3-27、图 3-28 可见，19Mn5 钢为循环硬化（$\sigma_b/\sigma_y=1.5$），BHW35 钢为循环软化（$\sigma_b/\sigma_y=1.24$）。

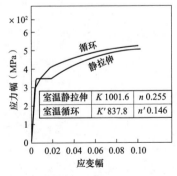

室温静拉伸	K 1001.6	n 0.255
室温循环	K' 837.8	n' 0.146

图 3-27　19Mn5 钢的循环应力 – 应变曲线和 K'、n' 值

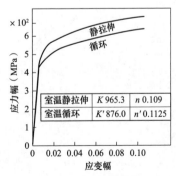

室温静拉伸	K 965.3	n 0.109
室温循环	K' 876.0	n' 0.1125

图 3-28　BHW35 钢的循环应力 – 应变曲线和 K'、n' 值

四、低周疲劳寿命及影响因素

1. 对称拉压循环应变 – 寿命曲线

材料低周疲劳寿命由循环应变幅与循环周次（应变 – 寿命）表征（见图 3–29），考虑一个循环周次中包括载荷的两次"反向"，因此有时将总寿命记为载荷反向数 $2N_\text{f}$。将 $2N_\text{f}$ 换为一次完整循环 N_f 时，寿命曲线的斜率并不发生改变。图 3–29 中的曲线 1 为塑性应变幅 – 寿命 $\left(\dfrac{\Delta\varepsilon_\text{p}}{2}-2N_\text{f}\right)$，曲线 2 为弹性应变幅 – 寿命 $\left(\dfrac{\Delta\varepsilon_\text{e}}{2}-2N_\text{f}\right)$，曲线 3 为总应变幅 – 寿命 $\left(\dfrac{\Delta\varepsilon_\text{t}}{2}-2N_\text{f}\right)$。$(2N_\text{f})_T$ 为过渡疲劳寿命，在 $(2N_\text{f})_T$ 左侧，材料的疲劳寿命主要由其塑性控制；在 $(2N_\text{f})_T$ 右侧，材料的疲劳寿命主要由其强度控制。过渡疲劳寿命 $(2N_\text{f})_T$ 是低周疲劳寿命的一个重要指标。若部件的设计疲劳寿命小于 $(2N_\text{f})_T$，则设计要采用低周疲劳数据，并进行载荷的弹塑性应力分析；若部件的设计疲劳寿命远大于 $(2N_\text{f})_T$，则要考虑高周疲劳极限，并进行载荷的弹性应力分析。

材料的低周疲劳寿命通常用 Manson–Coffin 公式（3–13）描述，即

$$\frac{\Delta\varepsilon_\text{t}}{2}=\frac{\Delta\varepsilon_\text{e}}{2}+\frac{\Delta\varepsilon_\text{p}}{2}=\frac{\sigma_\text{f}'}{E}\left(2N_\text{f}\right)^{\,b}+\varepsilon_\text{f}'\left(2N_\text{f}\right)^{\,c} \tag{3-13}$$

式中 $\dfrac{\Delta\varepsilon_\text{t}}{2}$、$\dfrac{\Delta\varepsilon_\text{e}}{2}$、$\dfrac{\Delta\varepsilon_\text{p}}{2}$ ——总应变、弹性和塑性应变幅；

$\quad\quad\quad\ \sigma_\text{f}'$ ——疲劳强度系数，其值与材料的真实断裂强度 σ_f 很接近；

$\quad\quad\quad\ E$ ——弹性模量；

$\quad\quad\quad\ b$ ——疲劳强度指数；

$\quad\quad\quad\ \varepsilon_\text{f}'$ ——疲劳延性系数；

$\quad\quad\quad\ c$ ——疲劳延性指数。

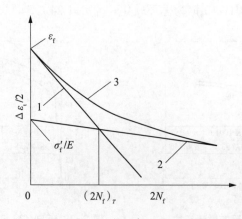

图 3–29 材料的 $\dfrac{\Delta\varepsilon_\text{t}}{2}-2N_\text{f}$ 曲线

2. 平均应变对低周疲劳寿命的影响

平均应变（平均应力）或预应变会消耗材料的塑性，因而会降低材料的低周疲劳寿命。图 3-30、图 3-31 分别示出了预应变和平均应力对低周疲劳寿命的影响，由图 3-30、图 3-31 可见：无论是预应变还是平均应力均使材料的低周疲劳寿命降低。随着平均应力的提高，低周疲劳寿命降低幅度增大。工程中实际金属部件多存在平均应变（平均应力），故在进行部件疲劳寿命估算中应考虑平均应变（平均应力）的影响。

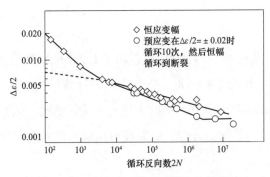
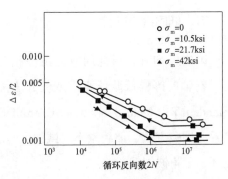

图 3-30　预应变对低周疲劳寿命的影响　　　图 3-31　平均应力对低周疲劳寿命的影响

注：所有试样在 $\Delta\varepsilon/2 = \pm 0.02$ 时预循环 10 次。

3. 加载频率对疲劳寿命的影响

图 3-32、图 3-33 示出了加载频率对 Cr-Mo-V 钢和 Udmet700 合金疲劳寿命的影响[4]。由图 3-32 可见，随着频率的下降，Cr-Mo-V 钢的疲劳寿命降低，但低于某一频率，频率对疲劳寿命影响很小；同时也可看出，应变量越大，频率效应越小。图 3-33 表明当频率很快和很慢时，均会使 Udmet700 合金的疲劳寿命减少，而在某一中间频率，疲劳寿命最高。加载频率对 30Cr2MoV 钢低周疲劳寿命的影响见表 3-11，由表 3-11 可见：当应变幅为 0.8%、频率为 1.5 ～ 25 次 /min 范围时，即使试样的温升 ΔT 有较大的差别，且均超过 2℃，但对疲劳寿命影响不大。

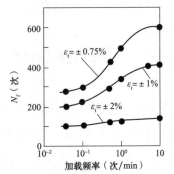
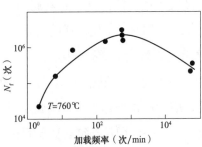

图 3-32　加载频率对 Cr-Mo-V 钢疲劳　　图 3-33　加载频率对 Udmet 700 合金
　　　　　寿命的影响　　　　　　　　　　　　　疲劳寿命的影响

表 3-11 加载频率对 30Cr2MoV 钢疲劳寿命的影响

$(\Delta\varepsilon_t/2)$ %	0.8						
F（Hz）	1/8	1/8	1/16	1/16	1/16	1/2.4	1/38.4
N_t（次）	908	781	781	667	750	913	882
ΔT（℃）	16.4		11.9	9.9		36	3.84

五、低周疲劳试验

国内外均有材料低周疲劳试验相关试验标准，例如中国的 GB/T 15248—2008《金属材料轴向等幅低循环疲劳试验方法》，美国 ASTM E606《控制应变的疲劳试验方法》（Standard Test Method for Strain-Controlled Fatigue Testing）。标准中规定了试样型式、试验装置、试验方法、加载频率、试样温升和试验数据的处理，低周疲劳试验通常采用对称循环、三角波加载。

1. 低周疲劳试验中应变量、加载频率与试样温升之间的关系

关于低周疲劳试验的加载频率，GB/T 15248 和 ASTM E606 均规定：选用的应变速率或加载频率应保证试样的温升不超过 2℃。相关的一些技术文献中对试验加载频率推荐：当 $N_f < 10^3$ 时，加载频率采用 6 ～ 30 次/min；当 $N_f > 10^3$ 时，加载频率采用 60 ～ 120 次/min，有的文献推荐 12 ～ 300 次/min。文献［5］研究了 30Cr2MoV 钢低周疲劳试验中应变量、加载频率与试样温升之间的关系。试验在 17℃、空气环境中进行，三角波加载，对每根试样在恒应变、固定频率、对称拉压循环加载下进行低周疲劳试验。循环加载过程中用 GA A-750 型热象仪测量试样温度的变化，其温度分辨率为 0.2℃。图 3-34 示出了不同试样应变量、加载频率与试样温升之间的关系，由图 3-34 可见：同一应变量下，随着加载频率的提高，试样温升增加；同一频率下，随着应变量的增大，试样温升提高，且大应变时的温升速度大于小应变时的温升速度。当频率较快时，这种变化更为明显，试验中试样的温升很容易超过 2℃。表 3-11 示出了应变幅为 0.8%、频率为 1.5 ～ 25 次/min 范围时，即使试样的温升 ΔT 超过 2℃，但对疲劳寿命影响不大。

2. 低周疲劳试验中失效循环周次

GB/T 15248 中规定，根据试验目的和材料特性确定试样失效判据。①试样断裂；②最大载荷、应力或拉伸卸载弹性模量降低一定百分数（见图 3-35）；③试样表面出现可检测裂纹，当此裂纹增长到符合试验目的要求的某一预定尺寸；④拉伸卸载弹性模量与压缩卸载弹性模量的比值降低到首次循环的 50% 时；⑤迟滞回线的压缩部分出现拐点，拐点的数值，即峰值压应力减去压缩加载曲线拐点处的应力，达到峰值压应力的某

一规定百分比（见图 3-36）。

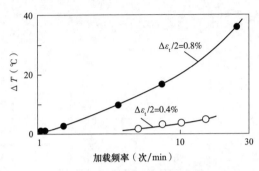

图 3-34　应变量、加载频率与试样温升之间的关系

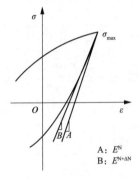

图 3-35　拉伸卸载弹性模量的降低

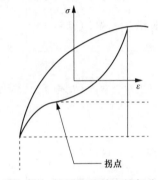

图 3-36　迟滞回线的压缩部分拐点

GB/T 15248 中规定的确定试样失效判据，除了试样断裂判据外，其余失效判据均涉及试样产生一定裂纹长度的循环周次，这里定义为裂纹起始寿命或无裂纹寿命 N_0。试样的裂纹起始寿命 N_0 是一个相对概念，与检测裂纹的方法、采用仪器的分辨率有关。在材料研究领域，若采用电子显微镜观察晶界、滑移带或夹杂物处的微裂纹，则裂纹起始寿命很短，疲劳裂纹扩展寿命占比很大；若用肉眼或低倍放大镜观察试样表面裂纹（裂纹长度大于或等于 0.25mm），则裂纹起始寿命很长，疲劳裂纹扩展寿命占比很小。表 3-12 示出了采用不同检测仪器或方法观察的裂纹长度确定的裂纹起始寿命 N_0 占断裂寿命 N_f 的分数。

表 3-12　　　　　　　　　裂纹起始寿命 N_0 占断裂寿命 N_f 的分数

材料	试样形状	裂纹位置	N_t（次）	起始裂纹长度 a_0（mm）	N_0/N_f
纯　铜	光　滑	滑移带	2×10^5	2×10^{-3}	0.05
纯　铝	光　滑	晶　界	3×10^5	1.3×10^{-2}	0.10
2024—T_3 铝	光　滑		5×10^4	1×10^{-1}	0.40
			10^5	1×10^{-1}	0.70

材料	试样形状	裂纹位置	N_t（次）	起始裂纹长度 a_o（mm）	N_0/N_f
2024—T_4 铝	光　滑		150	2.5×10^{-1}	0.60
			10^3	2.5×10^{-1}	0.72
			5×10^3	2.5×10^{-1}	0.88
4130 钢	光　滑		10^3	2.5×10^{-1}	0.72
纯　铝	缺口（$K_t \approx 2$）	滑移带	2×10^5	2.5×10^{-4}	0.005
2014—T_4 铝	缺口（$K_t \approx 2$）	夹杂物	10^5	2×10^{-2}	0.05
2014—T_6 铝	缺口（$K_t \approx 2$）		2×10^3	6.3×10^{-2}	0.015
			10^5	6.3×10^{-2}	0.05
7075—T_6 铝	缺口（$K_t \approx 2$）	夹杂物	2×10^5	5.1×10^{-1}	0.64
			5×10^3	7.6×10^{-2}	0.2
			10^5	7.6×10^{-2}	0.4
4340 钢	缺口（$K_t \approx 2$）		10^3	7.6×10^{-2}	0.25
			2×10^4	7.6×10^{-2}	0.30

文献［6］对 30Cr2MoV 和 19Mn5、BHW35 室温低周疲劳的裂纹起始寿命 N_0 进行了试验研究，试验中用肉眼观察试样表面裂纹，根据拉伸卸载弹性模量降低某一规定百分比，根据应力－循环周次曲线（p–N 曲线）上峰值应力与稳态滞后环上峰值应力下降百分比和迟滞回线的压缩拐点确定裂纹起始寿命 N_0，三种方法确定的低周疲劳裂纹起始寿命 N_0 见表 3–13。由表 3–13 可见：由应力－循环周次曲线（p–N 曲线）上峰值应力下降百分比和迟滞回线压缩拐点确定的 N_0 对裂纹起始不很敏感，特别在应变幅较大时，即当 p–N 曲线上出现载荷快速下降或应力－应变迟滞回线出现轻微凹陷时，实际观察的裂纹已相当长。

将 30Cr2MoV、19Mn5 和 BHW35 钢的疲劳断裂寿命 N_f 和肉眼观察的裂纹起始寿命 N_0 在双对数坐标上按（N_f–N_0）与 N_f 描点作图，具有良好的线性关系（见图 3–37），用最小二乘法拟合，得式（3–14），即

$$N_0 = N_f - 5N_f^{0.8} \qquad (3\text{–}14)$$

依据式（3–14）获得不同寿命下的 N_0/N_f，见表 3–14。由表 3–14 可见，对大应变、短寿命试样，N_0 在 N_f 中占比较小；对小应变、长寿命试样，疲劳寿命主要为裂纹起裂寿命 N_0，这与理论分析与试验结果相一致。

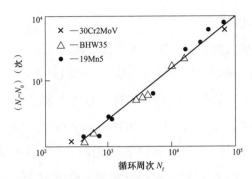

图 3-37　三种材料的综合（N_f-N_0）-N_f 关系曲线

表 3-13　　　　　三种材料用不同方法确定的疲劳裂纹起始寿命 N_0

材料	30Cr2MoV						BHW35	
$\dfrac{\Delta\varepsilon_t}{2}$（%）	0.24	0.28	0.40	0.60	1.0	1.20	0.23	0.30
N_0（眼）	61000	32000	2895	693	330	168	60000	14400
N_0（$P-N$）	60000	34000	3000	750	390	200	62000	15000
N_0（cyc）	66000	37000	3158	750	396	241	66745	15700
N_f（断）	67250	38100	3450	830	438	275	67904	16474

材料	BHW35				19Mn5					
$\dfrac{\Delta\varepsilon_t}{2}$（%）	0.40	0.60	0.80	1.25	0.20	0.25	0.30	0.40	0.80	1.0
N_0（眼）	3780	920	435	153	86000	25200	14000	6700	790	500
N_0（$P-N$）	4100	1040	500	200	86000	25000	15200	7300	884	600
N_0（cyc）	4280	1147	563	247	90880	27000	15900	7400	908	620
N_f（断）	4350	1188	585	259	94303	28960	16932	7532	1060	658

注　N_0（眼）—用肉眼观察到的裂纹起始寿命（$a \approx 0.2 \sim 0.5mm$）；N_0（$P-N$）—从循环载荷 - 周次曲线上确定的 N_0；N_0（cyc）—从循环载荷 - 应变滞后环上确定的 N_0；N_f（断）—疲劳断裂寿命。

表 3-14　　　　　依据式（3-14）计算的不同寿命下的 N_0/N_f

N_f（次）	10^2	5×10^2	10^3	5×10^3	10^4	5×10^4	10^5	5×10^5	10^6	5×10^6	10^7
N_0（次）	60	356	749	4090	8415	44257	90000	463761	936905	4771348	9601893
N_0/N_f（%）	60	71.2	74.9	81.8	84.15	88.5	90.0	92.7	93.70	95.4	96.0

六、火电机组常用钢低周疲劳性能

国内对火电机组锅炉锅筒、汽轮机转子及高温蒸汽管道常用钢进行了大量的低周疲劳试验，获得了材料的循环硬化（软化）特性、循环应力 - 应变曲线和应变 - 寿命曲线，为这些部件的低周疲劳寿命估算提供了必要的技术基础。

1. 锅筒用钢的疲劳性能

锅筒用钢基本分为两大类：碳（锰）钢和低合金高强度钢。碳（锰）钢主要牌号有 SA299、19Mn5、19Mn6；低合金高强度钢主要有 BHW35、国产的 18MnMoNbR。19Mn5、19Mn6 是德国 DIN17175 中的牌号，19Mn5 与 16MnR/16Mng 的 C、Si、Mn 元素含量基本相同，19Mn5 的 Mn 含量为 1.3%，16MnR/16Mng 的 Mn 含量为 1.6%，拉伸性能基本相同。19Mn6 与 19Mn5 相比，C、Si、Cr 含量基本相同，19Mn6 的 Mn 含量为 1.6%，微量的 Ni、Mo、V、Ti、Nb、Cu 按订货技术协议控制。BHW35 属于低合金高强度钢，是德国蒂森钢厂的牌号，与 DIWA353、13MnNiMoR5-4 钢的成分、性能相同。

文献［7］对锅筒用钢 19Mn5、BHW35 钢、BHW35 电渣焊缝材料进行了低周疲劳试验，图 3-38 示出了 19Mn5、BHW35 钢、BHW35 电渣焊缝三种材料疲劳寿命曲线比较，19Mn5、BHW35 钢、BHW35 电渣焊缝材料低周疲劳寿命曲线的参数见表 3-15，由图 3-38 可见：在短寿命区，BHW35 电渣焊缝材料的疲劳强度较低；在长寿命区，19Mn5 钢的疲劳强度略低，但彼此差异不大。

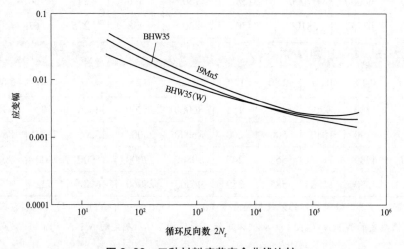

图 3-38 三种材料疲劳寿命曲线比较

图 3-39 示出了 19Mn6 钢母材、电渣焊缝、自动焊缝材料的循环应变–寿命曲线，由图 3-39 可见：母材、电渣焊缝在室温、320℃下的低周疲劳强度无明显差异，但自动焊缝材料低周疲劳强度略显偏低。在长寿命阶段彼此差异不大。图 3-40 示出了 SA299 钢母材和电渣焊缝材料的应变–寿命曲线，图 3-40 中试样 A、G 的碳含量分别为 0.29%、0.33%（ASME SA299 中规定碳含量 ≤ 0.30%），其余 Si、Mn、P、S 含量完全相同。由图 3-40 可见，A、G 试样的低周疲劳寿命无明显差异；当 2N 低于 10000 次，焊缝室温下的疲劳强度较高，当 2N 高于 10000 次，焊缝 370℃下的疲劳强度较高。

文献［8］总结了大量锅筒钢低周疲劳试验结果，图 3-41 示出了 19Mn5、19Mn6、BHW35、14MnMoV 钢 20℃、服役温度下的应变 - 寿命曲线比较。由图 3-41 可见，无论室温还是服役温度下，5×10^4 周次的左侧，拉伸强度较高的 BHW35、19Mn6 的疲劳强度低于拉伸强度较低的 19Mn5，这表明在短寿命区，韧性较高材料的低周疲劳强度高于韧性较低的材料。

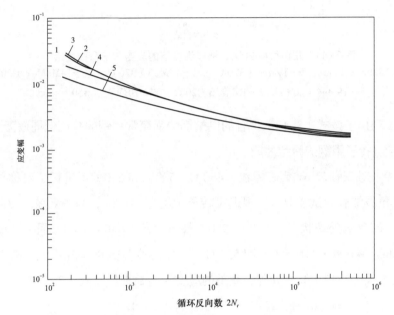

图 3-39　19Mn6 钢的应变 - 寿命曲线
1—母材（20℃）；2—电渣焊接头（20℃）；3—母材（320℃）；4—电渣焊接头（320℃）；
5—自动焊接头（20℃）

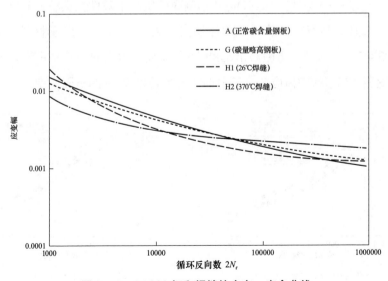

图 3-40　SA299 钢和焊缝的应变 - 寿命曲线

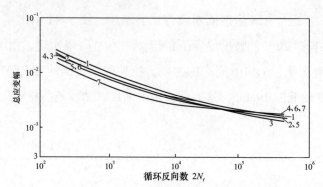

图 3-41　几种材料 20℃、服役温度下的应变－寿命曲线比较

1—19Mn5（20℃）；2—19Mn6（320℃）；3—19Mn5（320℃）；4—14MnMoV（20℃）；

5—19Mn6（20℃）；6—BHW35（20℃）；7—BHW35（350～365℃）

表 3-15 列出了按式（3-13）拟合的电站锅炉锅筒常用钢的拉压低周疲劳参数。

2. 汽轮机转子用钢的疲劳性能

文献［9］对 30Cr2MoV 钢在室温、450℃、500℃和 550℃下进行了对称拉压低周疲劳试验，三角波加载。试样取自一根退役转子（运行 61000h，44 次冷态、20 次热态、2次甩负荷）。转子热处理状态为 940～950℃鼓风冷却，680～700℃回火。试验结果表明：30Cr2MoV 钢在 450℃、500℃和 550℃下的低周疲劳数据差异不大，故对 3 个温度的疲劳数据按式（3-13）综合处理，获得的应变－寿命曲线见式（3-15），即

$$\varepsilon_t = 0.00404\,(2N_5)^{-0.0902} + 1.1311\,(2N_5)^{-0.831} \qquad (3-15)$$

式中　$2N_5$——疲劳循环反向周次，相对稳定滞后环上峰值应力下降 5% 对应的循环周次。

文献［10］对 3 个炉号的 30Cr1Mo1V 钢制高中压转子锻件在室温、510℃和 538℃下进行低周疲劳试验，取样方向为转子本体切向，图 3-42 示出了转子材料的应变－寿命曲线，由图 3-42（a）可见，510℃和 538℃下的应变－寿命曲线几乎重合。图 3-42（b）示出了转子材料 538℃的中值应变－寿命曲线和置信度 95% 的下限应变－寿命曲线。

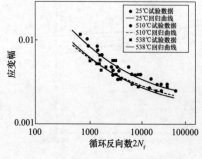

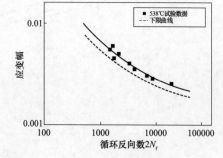

（a）不同温度下的应变－寿命曲线　　　　（b）538℃下的应变－寿命曲线

图 3-42　30Cr1Mo1V 转子钢的应变－寿命曲线

表 3-15

电站锅炉锅筒常用钢的拉压低周疲劳参数

材料	材料状态	试验温度（℃）	屈服强度（MPa）	抗拉强度（MPa）	σ_f/E	σ'_f	b	ε'_f	c	试验条件
SA299	锻件正火	25	315	540	0.0018		-0.0682	0.1903	-0.5184	$f=0.3\sim0.5\mathrm{Hz}$
SA299	碳含量 0.29%	室温	341	585	0.0068		-0.1433	0.9941	-0.6410	$f=0.143\sim1\mathrm{Hz}$
	碳含量 0.33%	室温	348	564	0.0047		-0.1109	0.5698	-0.5900	
	焊缝	室温		608	0.0075		-0.1397	0.4880	-1.1620	
		370	285	557	0.0061		-0.0901	0.8584	-1.0808	
19Mn5	920℃正火 620℃回火	20	337	520	0.00438	880	-0.0920	0.3960	-0.5520	$f=0.05\sim0.877\mathrm{Hz}$
BHW35	920℃正火 630℃回火	20	519	647	0.00512	1019	-0.0782	0.3288	-0.5650	
BHW35（焊缝）	920℃正火 630℃回火	20		653		1170	-0.1050	0.1111	-0.4600	$f=0.083\sim0.6667\mathrm{Hz}$

注 所有试样相对于钢板横向取样，应变比 $R=-1$（$R=\varepsilon_{\min}/\varepsilon_{\max}$），三角波加载。

文献［11］对 30Cr1Mo1V 钢制转子锻件材料在室温、280℃、420℃、480℃、510℃、538℃和 565℃下进行低周疲劳试验，图 3-43 示出了国产转子锻件与西屋公司转子锻件疲劳性能的比较，由图 3-43 可见，国产转子锻件与西屋公司转子锻件疲劳性能无明显差异。

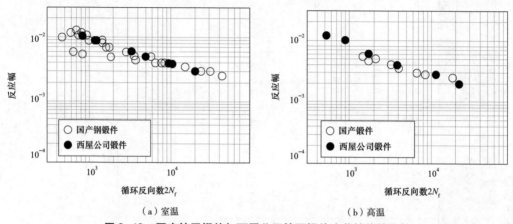

图 3-43　国产转子锻件与西屋公司转子锻件疲劳性能的比较

文献［12］对我国、国外制作的 14Cr10NiMoWVNbN（TOS107）钢制转子锻件在室温、593℃下进行了低周疲劳试验，图 3-44 示出了低周疲劳应变－寿命曲线，由图 3-44 可见：国产锻件室温、593℃下低周疲劳寿命略低于国外锻件。

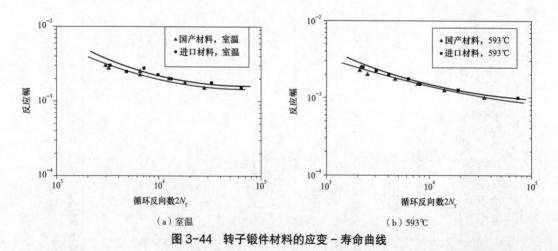

图 3-44　转子锻件材料的应变－寿命曲线

文献［13］对 FB2（13Cr9Mo1Co1NiVNbNB）钢制转子锻件在室温、550℃和 620℃下进行了低周疲劳试验，试样取自日本 JSW 公司转子锻件本体，径向取样。图 3-45 示出了低周疲劳应变－寿命曲线，由图 3-45 可见：当 $2N$ 小于 1000 次时，620℃下的应变－寿命曲线高于 550℃；当 $2N$ 大于 1000 次时，620℃下的应变－寿命曲线明显低于 550℃，且随着循环次数的增加，下降更快。

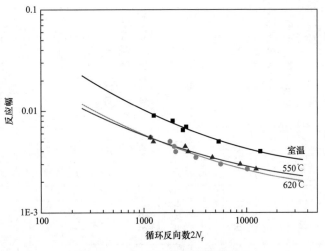

图 3-45 FB2 钢的应变－寿命曲线

表 3-16 列出了按式（3-13）拟合的汽轮机转子常用钢的拉压低周疲劳参数。与拉压疲劳控制轴向应变幅 ε_a 相似，控制扭转应变幅 γ_a 的低周扭转疲劳，其疲劳曲线方程的形式与式（3-13）相似，即

$$\gamma_a = A (N_f)^{b'} + B (N_f)^{c'} \tag{3-16}$$

式中 γ_a ——扭转应变幅，$\gamma_a = (\gamma_{max} + \gamma_{min})/2$；

       γ_{max}、γ_{min} ——最大、最小扭转应变幅；

          N_f ——循环周次；

    A、B、b'、c' ——试验获得的材料常数。

图 3-46 示出了 Ni-Cr-Mo-V 发电机转子钢的扭转低周疲劳曲线，表 3-17 列出了发电机转子钢的扭转低周疲劳参数。

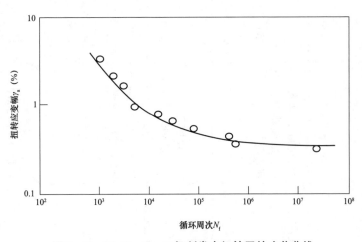

图 3-46 Ni-Cr-Mo-V 钢制发电机转子的疲劳曲线

表3-16　汽轮机转子常用钢的拉压低周疲劳参数

材料	转子状态	试验温度（℃）	屈服强度（MPa）	抗拉强度（MPa）	σ_f'/E	σ_f'	b	ε_f'	c	试验条件
30Cr2MoV	940～950℃风冷，680～700℃回火，44次，运行61000h，20次热态、2次甩负荷	20	535	725	0.00466	964	−0.0731	0.2819	−0.5588	切向取样，应变比 R=−1，三角波加载，f=0.04～0.33Hz
		450	417	525	0.00463	880	−0.0979	1.0982	−0.7985	
		500	373	454	0.00449	849	−0.1047	1.7341	−0.8841	
		550	347	421	0.00330	611	−0.0708	0.8241	−0.7703	
		450～550			0.00404	764	−0.0902	1.1311	−0.8131	
30Cr2MoV	试样取自新转子。第一次970～990℃，空冷；第二次930～950℃，风冷；680～700℃回火	20	603	736	0.00357		−0.05648	0.2807	−0.5600	轴向取样，应变比 R=−1，三角波加载，应变速率为0.002/s
		450	469	589	0.00385		−0.07894	3.6361	−1.0038	
		500	448	544	0.00328		−0.06561	3.8289	−0.6561	
		550	342	475	0.00319		−0.06308	1.9173	−0.9081	
30Cr1Mo1V	取自3根300MW转子	室温	666	804	0.00471		−0.0804	0.6284	−0.8250	切向取样，应变比 R=−1，三角波加载，f=0.2～0.5Hz
		480			0.00361		−0.0610	0.6493	−0.7686	
		510	490	557	0.00379		−0.0856	0.3884	−0.7160	
		538	470	524	0.00332		−0.0697	0.6264	−0.7550	
		565			0.00294		−0.0569	0.2001	−0.6550	

续表

材料	转子状态	试验温度（℃）	屈服强度（MPa）	抗拉强度（MPa）	σ'_f/E	σ'_f	b	ε'_f	c	试验条件
30Cr1MoV	940～970℃风冷，≥660℃回火，≥620℃去应力	540			0.00343		-0.0667	0.7211	-0.7363	轴向取样，应变比 $R=-1$，三角波 应变速率为0.002/s
		565			0.00314		-0.0535	2.043	-0.9260	
30Cr1MoV①	转子中应力区	538	640	810		518	-0.0420	0.4857	-0.6848	切向取样，应变比 $R=-1$，三角波 速率为0.005—0.008/s
	转子高应力区	538	632	795		508	-0.0451	0.9546	-0.7948	
	高温区	538	608	761		466	-0.0452	0.3976	-0.6582	
14Cr10NiMoWVNbN（TOS107）②	国外转子	室温	755	870	0.00464		-0.0492	1.0029	-0.7148	切向取样，应变比 $R=-1$，三角波加载 应变速率为0.008/s
	国外转子	593	583（600）	637（600）	0.00392		-0.0728	0.4539	-0.6679	
	国产转子	室温	746	872	0.00499		-0.0554	0.9734	-1.0059	
	国产转子	593	585（600）	655（600）	0.00443		-0.0872	1.0881	-0.7973	
FB2	1100℃/17h/油，冷或喷水回火第一次回火：570℃/24h/空冷；第二次回火：700℃/24h/空冷	室温	705	845	0.00459		-0.0493	0.9473	-0.7097	径向取样，应变比 $R=-1$，三角波加载 应变速率为0.008/s
		550			0.00405		-0.0709	0.2571	-0.6302	
		620	442	457	0.00361		-0.0718	0.3774	-0.6722	

① 服役16年的高中压转子，950℃/24h强制风冷，675℃/45h回火，635℃/20h去应力。

② 国产转子，1070～1100℃正火，（570±10）℃回火，第2次回火不低于650℃；西门子转子第2次回火不低于700℃。

表 3-17　　　　　　　　　　　　转子钢的扭转应变疲劳常数

材料	剪切模量 G（MPa）	A	b'	B	c'
Cr–Mo–V	82760	0.0059	−0.052	1.69	−0.64
Ni–Cr–Mo–V	80670	0.0055	−0.054	1.69	−0.62
Ni–Mo–V	82760	0.0048	−0.043	1.24	−0.59

3. 汽水管道用钢的疲劳性能

高温高压和亚临界机组蒸汽管道多选用低合金 Cr-Mo、Cr-Mo-V 钢，例如 15CrMo、12Cr2Mo（P22、10CrMo910）、12Cr1MoV 等，相对于汽轮机转子、高压内缸和锅筒，管道壁厚较薄，由内外壁温差产生的热应力较小，故高温高压和亚临界机组蒸汽管道在服役过程中的损伤主要是蠕变损伤，疲劳损伤较小。随着超超临界机组蒸汽参数的提高，有的 1000MW 机组 P92 钢制主蒸汽管道的壁厚达 123mm（蒸汽参数为 32.14MPa/610℃），高温再热器出口集箱壁厚达 135mm。随着主蒸汽管道、高温集箱壁厚的增加，加之机组参与深度调峰，超超临界机组高温蒸汽管道、高温集箱的疲劳损伤增大，特别是接管座角焊缝或开孔部位。国内外对蒸汽管道用钢的低周疲劳性能进行了大量试验研究。表 3-18 示出了 Cr-Mo、Cr-Mo-V 低合金耐热钢的低周疲劳参数。

表 3-18　　　　　　　　汽水管道用低合金钢的拉压低周疲劳参数

材料	材料状态	试验温度（℃）	屈服强度（MPa）	抗拉强度（MPa）	σ'_f/E	σ'_f	b	ε'_f	c	试验条件
15 CrMo	正火 + 回火	20		455	0.00487	962	−0.1100	0.3990	−0.5300	f=0.125 ～ 1.39Hz
12Cr 1MoV	正火 + 回火	20	375	509	0.00345		−0.0678	0.6114	−0.6389	f=0.1 ～ 0.625Hz
10Cr Mo910	运行 10.8 万 h 主蒸汽管道	20	294	520	—		—			f=0.28 ～ 2.45Hz
		540	201	334	0.00270	452	−0.0878	0.1398	−0.4708	

注　所有试样均为三角波加载，应变比 R=−1。

杨华春等人对日本住友公司生产的 P91 钢管（$\phi 273 \times 40$mm）和焊接接头在不同温度下进行了低周疲劳试验[14]，试样取自管道轴向，对称拉压循环，三角波加载。焊接接头试样氩弧焊打底，焊丝为 $\phi 2.4$ 的 CM-9ST，焊条为 CM-9S，手工过渡焊接三层，第一层焊条为 $\phi 3.2$，第二、三层为 $\phi 5.0$；随后为埋弧自动焊，焊丝为 $\phi 2.5$ 的

W–CM9S。焊后在 760℃下保温 2h，随后炉冷。母材和焊接接头的拉伸性能见表 3–19，应变–寿命曲线参数见表 3–20 和表 3–21。

表 3–19   P91 母材的拉伸试验结果

试验温度	屈服强度（MPa）		抗拉强度（MPa）		伸长率（%）		面缩率（%）	
	母材	焊接接头	母材	焊接接头	母材	焊接接头	母材	焊接接头
室温	550	453	670～685	660～700	26	14	75	76
550℃	365	330	410	375	22	18	86	84
575℃	350	310	375	335	27	20	92	85

表 3–20   P91 钢母材的低周疲劳应变–寿命参数

试验温度	应变–寿命方程
室温	$\Delta\varepsilon_t/2=0.0059\,(2N_f)^{-0.0972}+1.325\,(2N_f)^{-0.774}$
550℃	$\Delta\varepsilon_t/2=0.00372\,(2N_f)^{-0.0796}+1.252\,(2N_f)^{-0.787}$
575℃	$\Delta\varepsilon_t/2=0.00229\,(2N_f)^{-0.0625}+1.098\,(2N_f)^{-0.788}$

表 3–21   P91 钢焊接接头的低周疲劳应变–寿命参数

试验温度	应变–寿命方程
室温	$\Delta\varepsilon_t/2=0.0054\,(2N_f)^{-0.097}+1.4264\,(2N_f)^{-0.8675}$
550℃	$\Delta\varepsilon_t/2=0.00266\,(2N_f)^{-0.0531}+1.221\,(2N_f)^{-0.764}$
575℃	$\Delta\varepsilon_t/2=0.00273\,(2N_f)^{-0.0628}+1.753\,(2N_f)^{-0.806}$

文献［15］对 P92 钢在室温、600℃下进行了低周疲劳试验研究，试样取自管道轴向，应变控制，对称拉压循环，三角波加载，应变速率为 0.004/s。试验材料的拉伸性能、弹性模量见表 3–22。图 3–47 示出了 P92 钢不同应变下的峰值应力与循环周次的关系，由图 3–47 可见，P92 钢属于循环软化。

表 3–22   P92 钢的拉伸性能、弹性模量

试验温度（℃）	屈服强度（MPa）	抗拉强度（MPa）	延伸率（%）	弹性模量（MPa）
20	465	627	26	215000
600	306	381	20	151000

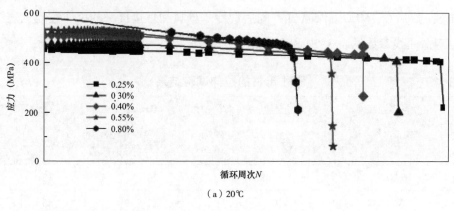

（a）20℃

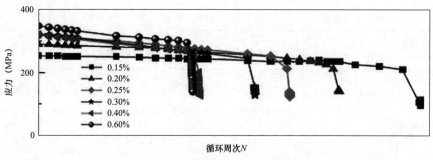

（b）600℃

图 3-47　P92 钢峰值应力与循环周次的关系

按式（3-13）获得的低周疲劳应变 – 寿命方程参数见表 3-23，表 3-23 中同时示出了 9Cr-1.4W-0.24V 钢的低周疲劳应变 – 寿命参数。

表 3-23　　　　　　　　　　　　　　P92 钢的应变 – 寿命参数

试验材料	T（℃）	σ_f'/E	ε_f'	b	c
P92	20	0.00330	1.1962	−0.04954	−0.64840
P92	600	0.00281	0.2771	−0.07055	−0.62612
9Cr-1.4W-0.24V	550	0.00300	0.4822	−0.06000	−0.64260

图 3-48 示出了国产 P92 钢 600℃、650℃下的低周疲劳应变 – 寿命曲线，由图 3-48 可见：600℃、650℃下的低周疲劳强度差异很小；图 3-49 所示为 T92/P92 钢与 TP347H、T22/P22 钢 600℃下低周疲劳应变 – 寿命曲线比较，可见 T92/P92 钢的低周疲劳性能明显优于 T22/P22 和 TP347H[16]。

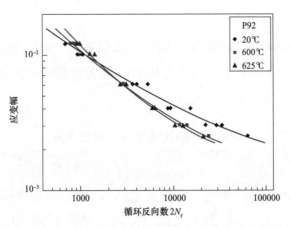

图 3-48　国产 P92 钢管不同温度下的低周疲劳应变 – 寿命曲线

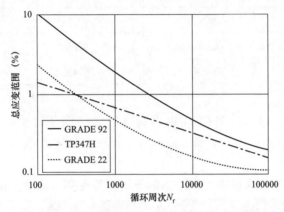

图 3-49　T92/P92 钢与有关钢 600℃下低周疲劳应变 – 寿命曲线比较

图 3–50 示出了国产与进口 P92 钢管（$\phi 350 \times 80mm$）室温应变 – 寿命曲线的比较，由图可见，国产与进口 P92 钢管的低周疲劳性能处于同一水平。

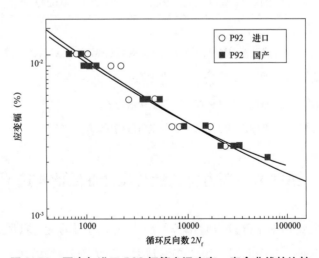

图 3-50　国产与进口 P92 钢管室温应变 – 寿命曲线的比较

4. 铸钢的疲劳性能

文献［17］对 GX12CrMoVNb9-1（GP91）铸钢进行了低周疲劳试验研究，应变控制对称拉压循环，正弦波加载，频率为 0.2Hz。试验材料的拉伸性能、弹性模量见表 3-24。

表 3-24　　　　　　　　试验材料的拉伸性能、弹性模量

性能参数	温度（℃）		
	20	550	600
屈服强度（MPa）	503	339	303
抗拉强度（MPa）	663	395	338
延伸率 12.5（%）	38.3	47.3	63.5
面缩率（%）	63.4	82.7	87.3
弹性模量（MPa）	206870	161460	150120

与 P91、P92 钢一样，铸钢 GP91 钢也具有明显的循环软化特征。表 3-25 为按式（3-13）获得的低周疲劳应变 – 寿命方程参数。

表 3-25　按式（3-13）获得 GP91 钢的低周疲劳应变 – 寿命方程参数

温度（℃）	σ'_f（MPa）	ϵ'_f	b	c
20	880	0.1244	−0.0673	−0.4842
550	526	0.8136	−0.0553	−0.7279
600	248	2.21	−0.0222	−0.8514

哈尔滨汽轮机厂对 ZG1Cr10MoWVNbN（G-X12CrMoWVNbN10-1-1）在 566、600℃ 进行了低周疲劳试验，应变 – 寿命方程中的参数见式（3-17），即

$$\left.\begin{array}{l} 566℃：\varepsilon_a=0.002373 \times N_f^{-0.04984}+1.958753 \times N_f^{-0.9233} \\ 600℃：\varepsilon_a=0.003499 \times N_f^{-0.10193}+1.003125 \times N_f^{-0.85883} \end{array}\right\} \qquad (3\text{-}17)$$

第四节　压力容器疲劳设计曲线的构造

高周疲劳的失效判据是部件危险部位的应力低于材料的疲劳极限，用应力作判据。低周疲劳通常为应变 – 寿命曲线，用应变作判据。但工程部件在设计、强度分析中多计算应力，故对部件的低周疲劳寿命分析中要考虑应变、应力分析。

一、压力容器疲劳设计曲线的构造

相关标准中给出的压力容器疲劳设计曲线，是对应变 – 寿命曲线进行了相应的技术处理，获得用于部件疲劳寿命计算的应力 – 寿命疲劳设计曲线。B. F. Langer 最早研究了构建压力容器疲劳设计曲线的方法[18]，提出了虚拟应力概念。虚拟应力可用式（3–18）表示，即

$$S = \frac{E}{4\sqrt{N}} \mathrm{Ln} \frac{100}{100-\psi} + \sigma_{-1} \qquad (3-18)$$

式中　E ——材料弹性模量；

　　　N ——疲劳循环周次；

　　　ψ ——材料拉伸断面收缩率；

　　　σ_{-1} ——材料高周疲劳极限。

虚拟应力 S 的意义见图 3–51。

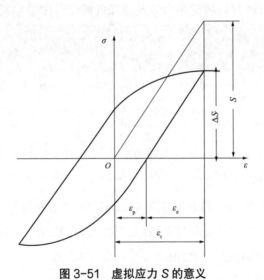

图 3-51　虚拟应力 S 的意义
ΔS—拉伸应力值

由图 3–51 可见，虚拟应力 S 是将低周疲劳的弹塑性应变统一视为弹性应变，于是，可表示为

$$S = E\varepsilon_t = E\varepsilon_p = E\varepsilon_e = E\varepsilon_p + \Delta S \qquad (3-19)$$

比较式（3–18）与式（3–19）可见，式（3–19）中的两项分别为塑性应变 ε_p、弹性应变 ε_e 与弹性模量 E 的乘积。考虑材料在弹性范围内的疲劳极限，故当式（3–18）中的 N 很大时，$\Delta S \approx \sigma_{-1}$。

借助于 Coffin 的应变疲劳公式（3–20），即

$$\sqrt{N} \Delta\varepsilon_p = K \qquad (3-20)$$

令
$$K=\frac{1}{2}\varepsilon_f=\frac{1}{2}\mathrm{Ln}\frac{100}{100-\psi} \qquad (3\text{-}21)$$

则
$$\varepsilon_p=\frac{\Delta\varepsilon_p}{2}=\frac{1}{\sqrt{4N}}\mathrm{Ln}\frac{100}{100-\psi} \qquad (3\text{-}22)$$

将 $\Delta S=\sigma_{-1}$ 与式（3-22）代入式（3-19），即可获得式（3-18）。

基于 B. F. Langer 虚拟应力概念，可直接将 Coffin-Manson 的应变-寿命方程转换为虚拟应力-循环周次（S-N）方程，即

$$S=E(\varepsilon_e+\varepsilon_p)=E\left[\frac{\sigma'_f}{E}(N)^b+\varepsilon'_f(N)^c\right]$$
$$=\sigma'_f(N)^b+E\varepsilon'_f(N)^c \qquad (3\text{-}23)$$

作者根据 BHW35、19Mn5 钢拉伸性能和低周疲劳试验结果（见表 3-26），分别用式（3-18）和式（3-23）计算了两种材料的虚拟应力-循环周次（S-N）曲线方程[19]。

表 3-26　　　　　　两种材料的常规力学性能和低周疲劳试验结果

材料	σ_y (MPa)	σ_b (MPa)	δ (%)	ψ (%)	E (×10⁵MPa)	b	c	ε'_f	ε_f	σ'_f (MPa)	σ_{-1} (MPa)
BHW35	519.8	647.3	23.5	70.0	1.99	−0.078	−0.566	0.332	1.2	851.0	241.2
19Mn5	397.2	603.1	25.5	56.5	1.98	−0.092	−0.551	0.396	0.83	813.5	186.1

将两种材料的弹性模量 E 值和低周疲劳参数代入式（3-23），可得

$$\begin{cases} 19Mn5: S=813.6(N)^{-0.092}+53464.6(N)^{-0.551}(\mathrm{MPa}) \\ BHW35: S=851.0(N)^{-0.078}+44238.3(N)^{-0.566}(\mathrm{MPa}) \end{cases} \qquad (3\text{-}24)$$

再依据材料的常规力学性能和疲劳极限，代入式（3-18），可得

$$\begin{cases} 19Mn5: S=41246.4/\sqrt{N}+186.1(\mathrm{MPa}) \\ BHW35: S=41246.4/\sqrt{N}+241.3(\mathrm{MPa}) \end{cases} \qquad (3\text{-}25)$$

式（3-25）中的疲劳极限 σ_{-1} 依据 Basquin 方程获得，即

$$\sigma_a=\sigma'_f(N)^b \qquad (3\text{-}26)$$

将表 3-26 中材料的 σ'_f 和 b 值代入式（3-26）令 $N=10^7$，即可获得材料的疲劳极限。

图 3-52 示出了对同一材料分别用式（3-18）、式（3-23）绘制的虚拟应力-循环周次（S-N）曲线。由图 3-52 可见：对 19Mn5 钢来说，在短寿命区，两条曲线重合；在长寿命区，用式（3-18）绘制的 S-N 曲线高于式（3-23）绘制的 S-N 曲线；对 BHW35 钢来说，用式（3-23）绘制的 S-N 曲线与试验数据吻合较好。在短寿命区，用式（3-18）绘制的 S-N 曲线高于试验结果；在长寿命区，两条曲线完全重合。

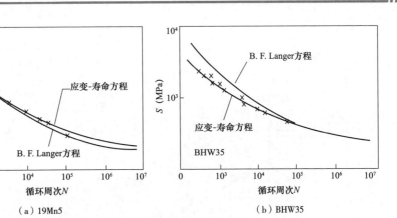

（a）19Mn5

（b）BHW35

图 3-52 用式（3-18）、式（3-23）绘制的 S-N 曲线

对获得的虚拟应力 – 循环周次（S-N）曲线，还需进行平均应力修正。在短寿命区，由于材料已进入塑性屈服，应力重新分布减少了平均应力的有效值，故平均应力对短寿命区影响可忽略，即当 $S \geqslant \sigma_y$ 时，可不考虑平均应力的影响；在长寿命区，平均应力可降低疲劳极限 σ_{-1}，采用式（3-27）对长寿命区平均应力进行修正，当 $S < \sigma_y$ 时，则

$$S' = S\left(\frac{\sigma_b - \sigma_y}{\sigma_b - S}\right) \tag{3-27}$$

式中 S'——修正后的虚拟应力；

　　　S——由应变 – 寿命曲线计算的虚拟应力；

　　　σ_b——材料抗拉强度；

　　　σ_y——材料屈服强度。

对平均应力修正后的虚拟应力 – 寿命（S-N）曲线，要对应力和寿命分别取一定的安全系数，获得两条曲线，然后把两条曲线的最低值连成一条光滑的曲线，这条线即为疲劳设计曲线。

王金瑞等对锅筒用钢 19Mn5、19Mn6、BHW35、14MnMoV 及这些材料焊接接头室温、服役温度下 16 条低周疲劳试验曲线进行综合分析，依据上述疲劳曲线的制作方法，对应力和寿命分别取 2 和 20 的安全系数，获得了锅筒用钢的疲劳设计曲线[8]（见图 3-53），图 3-53 中还示出了美国 ASME、英国 BS 5500、德国 TRD 301、俄罗斯 ГОСТ 标准中的压力容器疲劳曲线以资比较。由图 3-53 可见：所有的试验点均处于疲劳曲线上方，表明疲劳曲线具有足够的安全裕度；试验曲线介于 ASME 与 BS 5500 曲线之间，曲线形状与 BS 5500 相似，近乎为一条直线；与 ASME 曲线相比，在寿命较长或较短区段，其应力幅值更低，安全裕度更大。

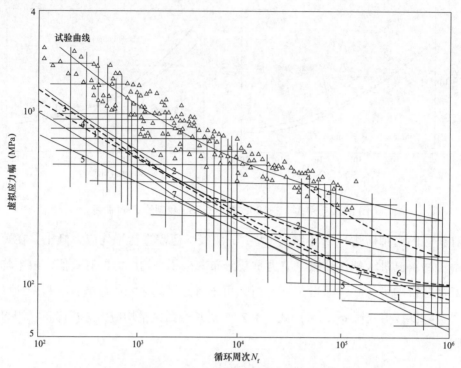

图 3-53　试验获得的锅筒疲劳设计曲线

1—本文疲劳设计曲线；2—TRD 301；3—ASME $\sigma_b \leqslant 552\text{MPa}$；

4—ASME $\sigma_b=793 \sim 897\text{MPa}$；5—BS 5500；6—ГОСТ 碳钢；7—ГОСТ 低合金钢

二、国内外压力容器疲劳设计曲线

1. ASME 规范中的疲劳设计曲线

美国 ASME《锅炉压力容器案例　第Ⅷ卷 第 3 册高压容器建造规则》(ASME Boiler & Pressure Vessel Code　Ⅷ Division 3 Alternative Rules for Construction of High Pressure Vessels) 中给出了不同强度级别的压力容器用钢及服役温度下的疲劳设计曲线，与电站锅炉锅筒相关的疲劳设计曲线见图 3-54。这两条曲线是采用母材光滑试样进行应变控制低周疲劳试验，获得材料的虚拟应力－寿命（$S\text{-}N$）曲线，进行平均应力修正后，分别对应力和寿命取 2 和 20 倍安全系数，然后以两条曲线的最低点绘制疲劳曲线。寿命 20 倍安全系数主要考虑以下几个因素：①疲劳数据的分散度 2.0；②试样与部件的尺寸因素 2.5；③部件表面粗糙度及环境 4.0。

2. BS 5500 规范中的疲劳设计曲线

英国 BS 5500《非直接火加热焊制压力容器标准》附录 C（British Standard Specification for Unifired Fusion Welded Pressure Vessels Appendix C）中给出了抗拉强度 $\sigma_b \leqslant 688\text{MPa}$ 压力容器用钢及服役温度下的疲劳设计曲线（见图 3-55）。该曲线采用母材和焊接接头光滑试样进行应变控制低周疲劳试验，获得材料的虚拟应力－寿命（$S\text{-}N$）

曲线，进行平均应力修正后，分别对应力和寿命取 2.2 和 15 倍安全系数，然后以两条曲线的最低点绘制疲劳曲线。该曲线在双对数坐标上为一直线，即

$$\lg S_a = -0.2903 \lg N + 3.4667 \tag{3-28}$$

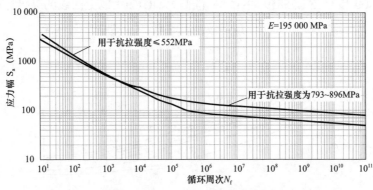

图 3-54　ASME 的压力容器疲劳设计曲线（≤371℃）

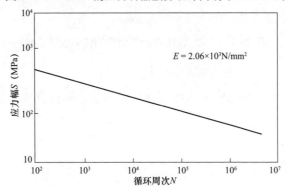

图 3-55　BS 5500 的压力容器疲劳设计曲线（≤375℃）

3. ГОСТ 25859 中的压力容器疲劳曲线

苏联 ГОСТ 25859《钢制容器及设备低周载荷下强度计算方法》中给出的碳钢、低合金钢钢制压力容器疲劳曲线见图 3-56，曲线分别对应力和寿命取 2 和 10 倍安全系数，未见疲劳设计曲线的构建细节。

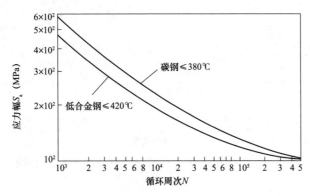

图 3-56　ГОСТ 25859 中的压力容器疲劳设计曲线

4. TRD 301 中的压力容器疲劳曲线

德国 TRD 301《承受内压的圆筒》中给出了 6 条不同温度下的疲劳曲线（见图 3-57），适用于热轧或锻制的低合金钢，规范中未见疲劳设计曲线的构建细节。与 ASME、BS 5500 和 ГОСТ 25859 曲线不同的是，TRD 301 疲劳曲线的纵坐标是应力范围，不是应力幅；横坐标是光滑试样出现裂纹的循环数 N_0，即无裂纹寿命。

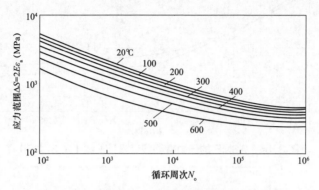

图 3-57　TRD 301 中的压力容器疲劳设计曲线

5. GB/T 16507.4 中的锅筒的疲劳曲线

图 3-58 示出了 GB/T 16507.4—2022《水管锅炉受压元件强度计算》中给出的锅炉锅筒的疲劳设计曲线。

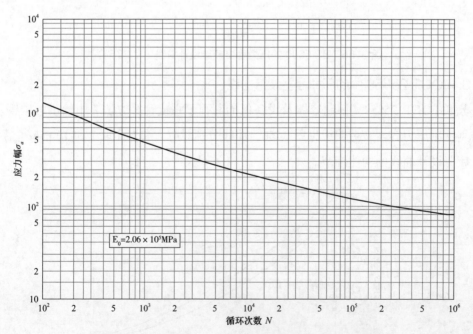

图 3-58　GB/T 16507.4—2022 中锅筒的疲劳设计曲线

第五节　火电机组金属部件低周疲劳寿命估算

一、锅筒低周疲劳寿命计算

相对于汽轮机转子、大型铸钢件等部件，压力容器及管道的低周疲劳寿命计算相对成熟，国内外均有相关技术标准，例如美国 ASME《锅炉和压力容器规范 第Ⅷ卷 第 3 册》、英国 BS 5500 附录 C 中推荐的"压力容器疲劳寿命评估方法"、德国 TRD 301《承受内压的圆筒》、俄罗斯 ГОСТ 25859《钢制容器及设备低周载荷下强度计算方法》等，以及 GB/T 16507.4—2022《水管锅炉　第 4 部分：受压元件强度计算》中附录 A "锅筒低周疲劳寿命计算"等。

（一）锅筒危险部位的应力分析

ASME 锅炉压力容器案例 第Ⅷ卷 第 3 册"高压容器建造规则"和 GB/T 16507.4—2022《水管锅炉 第 4 部分：受压元件强度计算》中给出了容器疲劳评定的应力分析。由于容器接管部位为应力 – 应变集中部位，所以应力分析选取容器接管部位（见图 3-59）。关于疲劳应力分析，ASME 锅炉压力容器案例 第Ⅷ卷 第 3 册和 GB/T 16507.4—2022 均给出详细的计算过程和方法，可参照执行。

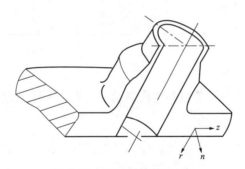

图 3-59　锅筒应力分析部位

锅筒疲劳分析要考虑锅炉在冷态启停、温态启停、热态启停、极热态启停和水压试验工况下的筒体内压应力、径向温差和周向温差引起的热应力。然后对计算的分应力进行主应力合成，再计算主应力、峰值应力差、谷值应力差，最后获得主应力差范围，进而获得应力幅值。

1. 内压应力分析

锅筒内压下的当量薄膜应力 σ_e 可按第二章中管道的环向应力计算公式（2-29）计算。内压引起的环向主应力 σ_{np}、轴向主应力 σ_{zp} 和法向主应力 σ_{rp} 按式（3-29）计算，即

$$\left.\begin{array}{l}\sigma_{np}= K_{1n}\sigma_e \\ \sigma_{zp}= K_{1z}\sigma_e \\ \sigma_{rp}= K_{1r}\sigma_e\end{array}\right\} \qquad (3-29)$$

式中　K_{1n}、K_{1z}、K_{1r}——接管处（图 3-59）由内压引起的环向、轴向和法向应力集中系
数，系数的数值根据接管座的型式（见图 3-60）确定（见表
3-27）。

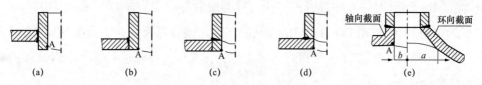

图 3-60　接管座结构型式

表 3-27　　　　　　　　　　考核点处的内压应力集中系数

内压应力集中系数	结构型式	
	对应图 3-60（a）～图 3-60（d）	对应图 3-60（e）
K_{1a}	3.1	2.5
K_{1z}	−0.2	0.5
K_{1r}	−（2S）/（D_0−S）	−（2S）/（D_0−S）

2. 热应力分析

锅炉启停过程中锅筒内外壁温差（径向温差）和上下壁温差（周向温差）引起的热
应力是锅筒疲劳损伤的重要因素。

（1）径向温差热应力。筒体径向温差 ΔT_r 按式（3-30）计算，即

$$\Delta T_r = T_o - T_i =-\frac{C_t S^2 v}{a_t}(1- e^{-\chi t/\tau}) \qquad (3-30)$$

式中　T_o、T_i ——锅筒外、内壁温度，℃；

S ——筒体壁厚，mm；

v ——温度变化速率，℃/min；

a_t ——筒体材料的热扩散率，mm^2/min；

t ——确定温度变化速率的升降温时间，min。

径向壁温差结构系数（C_t）、温度阻尼系数（χ）、时间常数（τ）和温度阻尼系数的
参数（β_1），分别按式（3-31）～式（3-34）计算，即

$$C_t = \frac{2\beta^2\ln\beta - \beta^2 + 1}{4(\beta-1)^2} \tag{3-31}$$

$$\chi = \sqrt{\frac{\beta-1}{\beta_1}} \tag{3-32}$$

$$\tau = \frac{D_i^2}{16a_t} \tag{3-33}$$

$$\beta_1 = \frac{\beta^6-1}{5} - 4\beta^2\left(\frac{\beta^3\ln\beta}{3} - \frac{\beta^3-1}{9}\right) + 4\beta^4\left[\beta(\ln\beta-1)^2+\beta-2\right] +$$
$$2\left\{2\beta^2\left[\beta(\ln\beta-1)+1\right] - \frac{\beta^3-1}{3}\right\} + \beta-1 \tag{3-34}$$

式中 β ——筒体外径与内径之比；

D_i ——筒体内直径，mm。

$$|\Delta T_r|1> |vt|, \quad 则 \Delta T_r = -vt \tag{3-35}$$

径向温差引起的环向、轴向、法向热应力为

$$\left.\begin{array}{ll} 环向热应力 & \sigma_{nT1} = K_{2n}\dfrac{\alpha E}{C_f(1-\mu)}\Delta T_r \\[3mm] 轴向热应力 & \sigma_{zT2} = \begin{cases} 0 \\ K_{2z}\dfrac{\alpha E}{C_f(1-\mu)}\Delta T_r \ \text{对应图3-60（e）接管} \end{cases} \\[3mm] 法向热应力 & \sigma_{rT1} = 0 \end{array}\right\} \tag{3-36}$$

$$C_f = \frac{4\beta^2(\beta^2-1)\ln\beta - 2(\beta^2-1)^2}{4\beta^4\ln\beta - (3\beta^2-1)(\beta^2-1)} \tag{3-37}$$

式中 K_{2n}、K_{2z} ——径向温差引起的环向、轴向热应力集中系数，推荐 $K_{2n}=K_{2z}=1.6$；

α ——筒体材料的线膨胀系数，1/℃；

E ——材料的弹性模量；

μ ——筒体材料的泊松比，0.3。

（2）周向温差热应力。最大周向温差 ΔT_{max} 引起的环向、轴向和径向（法向）热应力为

$$\left.\begin{array}{ll} 环向热应力 & \sigma_{nT2} = 0.4K_{3n}\alpha E\Delta T_{max} \\[2mm] 轴向热应力 & \sigma_{zT2} = \begin{cases} 0 \\ 0.4K_{3n}\alpha E\Delta T_{max} \ \text{对应图3-60（e）接管} \end{cases} \\[2mm] 法向热应力 & \sigma_{rT2} = 0 \end{array}\right\} \tag{3-38}$$

式中 K_{3n}、K_{3z}——周向温差引起的环向、轴向热应力集中系数，推荐 $K_{3n}=K_{3z}=-1$。一般情况，计算谷值应力时 ΔT_{max} 取 40℃；计算峰值应力时 ΔT_{max} 取

10℃；若锅筒运行中实测的周向温差大于一般情况下的取值，则按实测周向温差计算。

3. 合成主应力

内压与温差引起的合成主应力 σ_1、σ_2、σ_3 按式（3–39）计算，即

$$
\left.
\begin{aligned}
\sigma_1 &= \sigma_{np} + \sigma_{nt1} + \sigma_{nt2} \\
\sigma_2 &= \sigma_{zp} + \sigma_{zt1} + \sigma_{zt2} \\
\sigma_3 &= \sigma_{rp} + \sigma_{rt1} + \sigma_{rt2}
\end{aligned}
\right\}
\tag{3-39}
$$

4. 峰、谷值主应力和主应力差值

对锅炉每一启停工况（冷态启停、温态启停、热态启停、极热态启停）和水压试验，均要计算峰值、谷值应力，再将峰值、谷值应力合成（相加），然后按式（3–40）、式（3–41）计算其合成主应力的峰值 σ_f 和谷值 σ_v。

峰值主应力差值为

$$
\left.
\begin{aligned}
\sigma_{f12} &= \sigma_{f1} - \sigma_{f2} \\
\sigma_{f23} &= \sigma_{f2} - \sigma_{f3} \\
\sigma_{f31} &= \sigma_{f3} - \sigma_{f1}
\end{aligned}
\right\}
\tag{3-40}
$$

谷值主应力差值为

$$
\left.
\begin{aligned}
\sigma_{v12} &= \sigma_{v1} - \sigma_{v2} \\
\sigma_{v23} &= \sigma_{v2} - \sigma_{v3} \\
\sigma_{v31} &= \sigma_{v3} - \sigma_{v1}
\end{aligned}
\right\}
\tag{3-41}
$$

5. 主应力差波动范围、交变应力范围和应力幅值

主应力差波动范围按式（3–42）计算，即

$$
\left.
\begin{aligned}
\Delta\sigma_{v12} &= |\sigma_{f12} - \sigma_{v12}| \\
\Delta\sigma_{v23} &= |\sigma_{f23} - \sigma_{v23}| \\
\Delta\sigma_{v31} &= |\sigma_{f31} - \sigma_{v31}|
\end{aligned}
\right\}
\tag{3-42}
$$

交变应力范围 $\Delta\sigma$ 取式（3–42）计算的 3 个数值中的最大值，应力幅值则为 $\sigma_a = \Delta\sigma/2$。根据容器的服役温度，修正的应力幅值为

$$
\sigma_a' = \sigma_a \frac{E_0}{E^T}
\tag{3-43}
$$

式中　E_0、E^T——筒体材料室温、服役温度下的弹性模量，MPa。

（二）锅筒的低周疲劳寿命估算

ASME《锅炉压力容器案例　第Ⅷ卷　第 3 册》和 GB/T 16507.4—2022 中均给出容器是否进行疲劳分析的条件。对于调峰机组的锅炉锅筒，应进行低周疲劳计算；基本负荷机组的锅炉锅筒，可不进行低周疲劳计算。对需要进行低周疲劳寿命评估的锅筒和容器，对某一工况下计算的应力幅值，在疲劳曲线上查得对应的循环周次 N_i，即为该工况

下的允许循环周次 N_i。然后根据线性损伤准则，估算疲劳寿命。

$$D = \sum_{i=1}^{n} \frac{n_i}{N_i} \tag{3-44}$$

式中　n_i、N_i ——锅炉 i 工况下的启停次数和 i 工况下的疲劳失效循环周次；

　　　　D ——疲劳损伤分数。理论上 $D=1$。GB/T 16507.4 中 $D < 1$。

锅筒的低周疲劳寿命计算可为压力容器、蒸汽管道低周疲劳寿命计算借鉴。

（三）锅筒低周疲劳寿命估算案例

某电厂一台机组 1974 年 1 月投运，至 2003 年 12 月累计运行约 19 万 h，启停炉 553 次。锅炉锅筒由 5 个筒节和 2 个封头组成，4 个主下水管，材料为 19Mn5。锅筒外直径为 1780.0mm，壁厚为 90.0mm，实测最小壁厚为 87.2mm。锅筒工作温度/压力为 320℃/11.47MPa，超水压试验压力为 14.34MPa。计算该台锅筒的低周疲劳寿命。

锅筒主下降管结构型式及几何尺寸见图 3-61，低周疲劳寿命计算考察接管内转角 A 处。

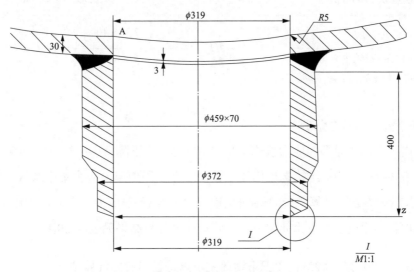

图 3-61　锅筒主下降管结构型式及几何尺寸

1. 锅筒的运行工况

根据该台锅炉的运行规程，锅炉冷态启动中锅筒壁的温升速率不大于 2℃/min，上、下壁温差不大于 50℃。考虑锅炉启动中锅筒瞬态温升的不稳定性，偏安全考虑，计算中锅筒壁的温升速率按 2.5℃/min 考虑。根据锅炉的启停时间按式（3-30）计算的启动、停炉时锅筒内外壁温差 ΔT 分别为 16.0℃ 和 18.4℃。

锅炉在启动和停炉过程中，锅筒上、下壁温差不超过 50℃。在计算谷值应力时，ΔT 取 50℃；计算峰值应力时，ΔT 取 10℃。

2. 材料物性参数

锅筒用钢 19Mn5 不同温度下的物性参数见表 3-28，计算时进行线性插值得到不同温度下的物性参数。对不同资料获得的物性参数，偏于安全考虑，选取可获得最大应力的物性参数值。

表 3-28　　　　　　　　　　　　　材料的物性参数

温度（℃）	20	100	200	300	320	400
线膨胀系数 α（10^{-6}/℃）		12	13	13	13.2	14
比定压热容 c_p［kJ/（kg·℃）］	0.46	0.50	0.50	0.54	0.556	0.62
热扩散率（×10^{-6}m²/s）	14.0	13.0	12.0	10.0	9.8	9.0
弹性模量 E（×10^5MPa）[1]	2.10			1.85	1.83	1.75
弹性模量 E（10^5MPa）[2]	2.10		2.04	1.96	1.94	1.87
密度 ρ（kg/m³）	7.85 × 10^3					

[1]　DIN 17155 规范中数据；
[2]　曼内斯曼钢管厂数据。

3. 主下降管口应力分析

锅筒内压下的当量薄膜应力按式（2-29）计算，主下降管座结构与图 3-60 中的（d）相同，按表 3-27 中（d）结构选取内压、径向温差、周向温差应力集中系数。内压引起的主应力按式（3-29）计算；径向温差热应力、周向温差热应力按式（3-36）、式（3-38）计算。锅炉各种运行工况下锅筒主下降管管口应力计算结果见表 3-29。

表 3-29　　　　　锅炉各种运行工况下锅筒主下降管管口应力计算结果　　　　　MPa

项目			锅炉启动	正常水压试验	超水压试验
内压应力	环向 σ_{np}	峰值	345.1	345.1	431.4
		谷值	0	0	0
	轴向 σ_{zp}	峰值	−22.3	−22.3	−27.8
		谷值	0	0	0
	法向 σ_{rp}	峰值	−11.5	−11.5	−14.3
		谷值	0	0	0

项目			锅炉启动	正常水压试验	超水压试验
径向温差热应力	环向 σ_{nT}	峰值	79.1		
		谷值	−69.0		
	轴向 σ_{zT}	峰值	0		
		谷值	0		
	法向 σ_{rT}	峰值	0		
		谷值	0		
周向温差热应力	环向 σ_{nH}	峰值	−11.1		
		谷值	−55.4		
	轴向 σ_{zH}	峰值	0		
		谷值	0		
	法向 σ_{rH}	峰值	0		
		谷值	0		

然后按照式（3−39）计算合成主应力，按照式（3−40）、式（3−41）计算峰、谷主应力差值，按式（3−42）计算主应力差波动范围获得交变应力范围和应力幅值，锅炉在冷态启动和水压试验工况下锅筒主下降管管口应力合成结果见表3−30。

表 3−30　　　锅炉各种运行工况下锅筒主下降管管口应力合成结果　　　MPa

项目			锅炉启动	正常水压试验	超水压试验
主应力差值	峰值	σ_{f12}	435.4	367.4	459.2
		σ_{f23}	−10.8	−10.8	−13.5
		σ_{f31}	−424.6	−356.6	−445.7
	谷值	σ_{v12}	−124.4	0	0
		σ_{v23}	0	0	0
		σ_{v31}	124.4	0	0
主应力差波动范围	$\Delta\sigma_{12}$		559.8	367.4	459.2
	$\Delta\sigma_{23}$		10.8	10.8	13.5
	$\Delta\sigma_{31}$		549.0	356.6	445.7

续表

项目	锅炉启动	正常水压试验	超水压试验
最大交变应力范围	559.8	367.4	459.2
应力幅值	280.0	183.7	229.6
修正后的应力幅值	321.3	183.7	229.6

4. 锅筒疲劳寿命损耗

按式（3-43）对冷态启动的应力幅进行修正，修正后的应力幅值见表3-30。依据锅炉冷态启停和水压试验工况下锅筒下降管处的应力幅值，在疲劳曲线（图3-58）上查出其相对应疲劳寿命 N_i。然后依据锅炉在该工况下的实际启停次数，计算疲劳寿命损耗，见表3-31。由表3-31可见，锅筒的累积疲劳寿命损耗为0.189，远低于损耗极限1。

表 3-31 锅筒低周疲劳寿命计算结果

项目	修正应力幅值	锅炉启停次数	许用循环次数	疲劳寿命损耗
锅炉启动	321.3	553	3000	0.18433
正常水压试验	183.7	60	15000	0.0040
超水压试验	229.6	6	8000	0.00075
累积疲劳寿命损耗				0.189

二、汽轮机转子疲劳寿命评估

汽轮机转子由于截面尺寸较大，在机组启停过程中转子内外表面会存在较大的温差，启动时外表面温度高于心部，外表面受热膨胀，心部材料没有膨胀或膨胀量很小，心部材料会阻碍外表面材料的膨胀，造成转子外表面受压，心部受拉，停机过程的热应力与启动过程中的热应力正好反向（见图3-62）。

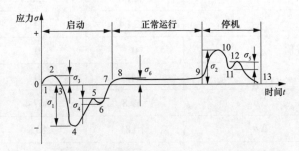

图 3-62 机组起、停过程中转子表面的热应力示意图

机组启停或运行中转子调节级区段温度最高，故该区段热应力最大，特别在变截面部位的 R 拐角处还存在应力集中，从而导致疲劳损伤，机组调峰运行则会加剧疲劳损伤。汽轮机高压转子轴封齿槽、应力释放槽处的疲劳裂纹见第一章中图 1-6 ～图 1-9。相对于压力容器疲劳寿命计算，汽轮机转子的疲劳寿命计算尚未见相应的标准。

1. 汽轮机转子的低周疲劳曲线

"第三节 金属的低周疲劳"中给出了汽轮机转子材料的低周疲劳应变 - 寿命曲线，图 3-63 所示为西屋公司的低合金 Cr-Mo-V 钢转子的应力 - 寿命曲线，图 3-64、图 3-65 是根据 30Cr2MoV、14Cr10NiMoWVNbN 钢的低周疲劳试验结果，参照压力容器疲劳设计曲线构建制作的应力 - 寿命曲线。

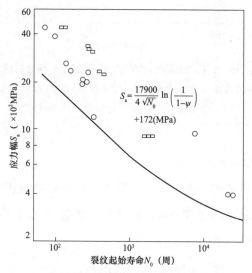

$$S_a = \frac{17900}{4\sqrt{N_0}} \ln\left(\frac{1}{1-\psi}\right) + 172(\text{MPa})$$

图 3-63　低合金钢转子应力 - 寿命曲线

∘—f=1 次 /h，各种波形；▫—f=1 次 /min，各种波形。

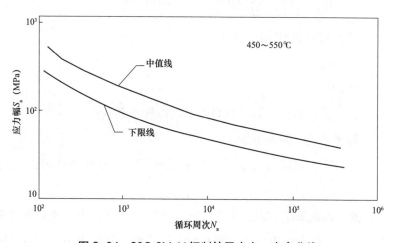

图 3-64　30Cr2MoV 钢制转子应力 - 寿命曲线

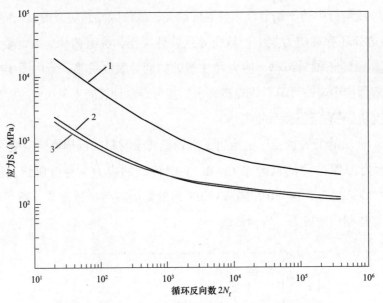

图 3-65 14Cr10NiMoWVNbN 转子应力 - 寿命曲线[12]

1—试验获得的虚拟应力 - 寿命曲线；2—按 BS 5500 获得的疲劳设计曲线；
3—按 ASME 获得的疲劳设计曲线

2. 转子危险部位的应力分析

汽轮机高中压转子的疲劳寿命估算，主要考虑机组启停过程中转子调节级区段的热应力，丁有余介绍了汽轮机转子调节级区段的切向热应力 $\sigma_{\theta T}$ 和径向热应力 σ_{rT} 计算基本方程［见式（3-45）］[20]，即

$$\sigma_{\theta T} = \frac{E}{1-\mu^2}\left[\frac{u}{R}+\mu\frac{\mathrm{d}u}{\mathrm{d}R}-\alpha(T-T_i)(1+\mu)\right]$$

$$\sigma_{rT} = \frac{E}{1-\mu^2}\left[\frac{\mathrm{d}u}{\mathrm{d}R}+\mu\frac{u}{R}-\alpha(T-T_i)(1+\mu)\right]$$

（3-45）

式中　　μ ——转子材料的泊松比，0.3；

u ——径向位移；

R ——转轴半径；

α ——$T_i \sim T$ 温度区间转子材料的平均线膨胀系数；

T_i、T ——转子初始、瞬态温度。

由式（3-45）可见：转子的热应力主要与转子径向膨胀位移和内外表面的温差（$T-T_i$）有关。

依据基本方程，通常采用有限元法进行转子热应力计算，也有资料介绍采用经验公式计算热应力。有限元应力计算结果主要与应力计算模型和边界条件相关。转子内外表

面的温度可采用有限元法、差分法或惯性环节法分析计算，图 3-66 示出了 1000MW 机组冷态启动过程中调节级区段转子内外表面温度及体积平均温度随时间的变化，确定了转子危险区段的温差后，即可根据转子材料的弹性模量、线膨胀系数、泊松系数及转子几何结构参数计算热应力。

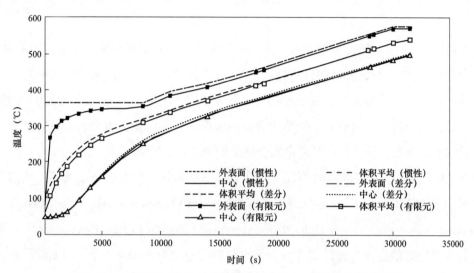

图 3-66　1000MW 机组冷态启动转子内外表面温度随时间的变化

3. 转子疲劳寿命估算

确定了机组启停过程中的机械应力，冷态、热态、温态、极热态启动工况下转子危险部位的热应力之后，即可根据转子疲劳寿命设计曲线，在曲线上查找对应温度、应力下的疲劳循环周次，即为某一工况下转子的疲劳寿命。也可计算转子危险部位的应变，根据应变–寿命方程计算某一工况下转子的循环周次，但应对计算寿命取合适的安全系数。

由于转子调节级区段温度较高，所以需考虑蠕变损伤。通常采用线性累积损伤准则计算转子的疲劳—蠕变交互作用损伤寿命，即

$$D = \sum_{i=1}^{n} \frac{n_i}{N_i} + \sum_{i=1}^{n} \frac{t_i}{t_{ri}} \tag{3-46}$$

式中　N_i、n_i ——转子在 i 工况下的疲劳循环周次和启停次数；

　　　t_{ri}、t_i ——转子在 i 工况下的蠕变断裂时间和运行时间。

理论上当 $D=1$ 时，转子寿命终结，工程中为了偏于安全，D 值取 0.75。文献［20］推荐蠕变损伤占整个寿命的 10%。

三、压力管道疲劳寿命评估

高温压力管道的损伤主要是蠕变损伤，但随着超超临界机组蒸汽参数的提高，主蒸汽管道、高温再热蒸汽管道、集箱等壁厚增大，机组的深度调峰，管道的热应力增大，低周疲劳损伤份额增加，所以在管道蠕变寿命中可按式（3-46）进行蠕变-疲劳损伤评估。

"本章第三节　金属的低周疲劳"中给出的是管道材料的低周疲劳应变-寿命曲线，当用于管道低周疲劳损伤计算时，可借鉴压力容器疲劳设计曲线的构建，将应变-寿命曲线转换为应力-寿命曲线，然后根据管道服役工况下的应力分析，参照压力容器疲劳寿命计算方法进行。也可计算管道危险部位的应变，根据应变-寿命方程计算某一工况下管道的循环周次，但应对计算寿命取合适的安全系数。

ASME《锅炉压力容器案例　第Ⅲ卷　第1册　NH部分：高温运行1级部件核部件制造准则》（ASME Boiler & Pressure Vessel Code Ⅲ Division 1 Subsection NH，Class 1 Components in Elevated Temperature Service Rules for Construction of Nuclear Facility Components）中规定了高温压力管道的疲劳寿命计算方法，给出材料的应变范围 $\Delta\varepsilon$-N（许用循环周次）曲线（图3-67），$\Delta\varepsilon$ 有两种计算方法，相对较为复杂，此处不予赘述。

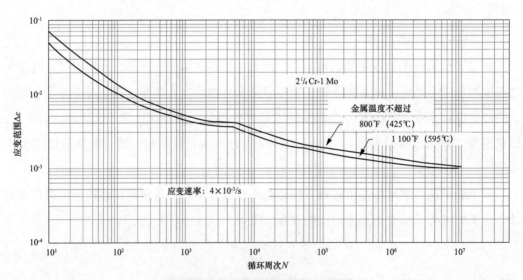

图3-67　T22/P22钢的疲劳设计曲线

文献［21］对P91钢的疲劳-蠕变交互作用损伤进行了试验研究，表明随着保载时间的增长，疲劳寿命显著缩短（见图3-68）。

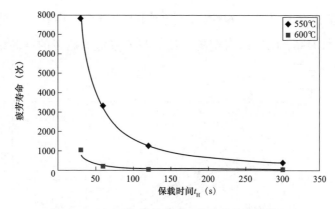

图 3-68　P91 钢的保载时间与疲劳寿命的关系

第六节　金属的热疲劳和蠕变交互作用损伤

火电机组汽轮机转子、高压内缸、自动主汽门等大截面厚壁部件，锅炉锅筒、汽水分离器等部件，在服役条件下承受蠕变损伤，同时要承受机组启停温度变化引起的热疲劳以及由于内压、旋转引起的机械疲劳损伤，特别在这些部件的变截面部位及 R 拐角处、接管部位还承受剧烈的热－机械疲劳损伤或蠕变－疲劳损伤，其寿命要低于高温低周疲劳寿命或蠕变寿命，故在对大截面厚壁高温部件的疲劳或蠕变寿命评估中要充分考虑热疲劳损伤和蠕变－疲劳损伤，所以研究高温部件在蠕变－疲劳交互作用下的寿命损耗具有重要的技术意义和工程应用价值。

一、金属的热疲劳

金属部件在加热、冷却循环作用下热胀冷缩，在固持部件的外在约束作用下产生热应力、热应变；对一些大截面尺寸部件，即使没有固持部件的约束，由于部件内外的温差导致内外膨胀收缩不一致，也会产生热应力、热应变。这种温度循环产生的热应力、热应变导致部件的疲劳损伤称之为热疲劳。有温度循环还伴有固持部件的约束或机械循环载荷的疲劳称之为热－机械疲劳，工程中大多数高温部件的疲劳是热－机械疲劳。

热疲劳与高温低周疲劳相似之处在于循环频率均很低。但热疲劳的损伤机理比高温低周疲劳复杂得多，热疲劳比高温低周疲劳更易在温度最高、拘束度更大的部位产生局部累积塑性变形，也更易于促使金属组织的老化。因此在宏观塑性变形相同的条件下，热疲劳寿命明显低于高温低周疲劳。图 3-69 示出了 AISI347 不锈钢热疲劳与高温低周疲劳寿命比较，AISI347 不锈钢的热疲劳试验在 200 ⇌ 500℃之间循环，平均温度为 350℃；高温低周疲劳试验温度为 350℃、500℃和 600℃，由图 3-69 可见，

AISI347 的热疲劳寿命显著低于 600℃下的低周疲劳寿命, 尽管热疲劳的最高温度为 500℃。镍、钛、GH36、GH132 合金的热疲劳与高温低周疲劳的试验结果也有类似的规律（见图 3-70）[22]。

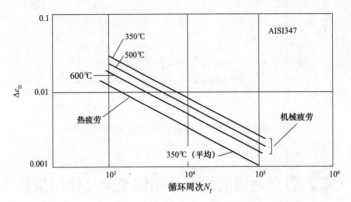

图 3-69　AISI347 不锈钢热疲劳与高温低周疲劳寿命比较

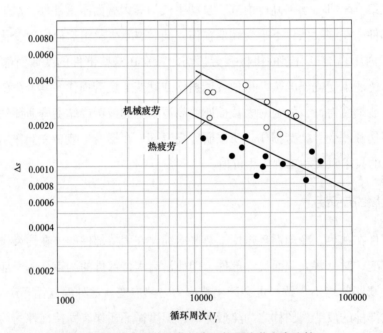

图 3-70　镍合金热疲劳与高温低周疲劳寿命比较

热疲劳试验相对较为复杂, 目前, 国内外均有相关试验标准, 例如:

GB/T 33812—2017《金属材料疲劳试验　应变控制热机械疲劳试验方法》

GB/T 41154—2021《金属材料多轴疲劳试验　轴向－扭转应变控制热机械疲劳试验方法》

ISO 12111—2011《金属材料疲劳试验　应变控制热机械疲劳试验方法》

ASTM E2368—2017《应变控制的热机械疲劳试验方法》

二、金属的疲劳－蠕变交互作用损伤

关于高温部件疲劳－蠕变交互作用下的寿命损耗计算，国内外进行了大量的试验研究，相继提出了一些寿命预测方法，例如应变范围划分法、频率修正法、应变能密度耗散模型等。寿命损耗的判据在工程中仍多采用简单实用的线性损伤累积法。陈杰富等根据 12Cr1MoV 钢及焊缝材料在 550℃下的疲劳－蠕变交互试验，提出了采用修正的线性损伤累积法则[23]，即

$$D_f + D_c < D \tag{3-47}$$

式中 D_f、D_c——疲劳累积损伤和蠕变累积损伤；

  D——总损伤。

当 $D < 1$，称为正交互作用，即疲劳－蠕变间相互作用引起削弱；当 $D > 1$，称为负交互作用，即疲劳－蠕变间相互作用引起增强。

陈杰富等对 12Cr1MoV 钢及焊缝材料在 550℃下进行了三种加载波形的试验，先疲劳＋后蠕变（F+C）、先蠕变＋后疲劳（C+F）、疲劳－蠕变（F-C）交替加载，结果表明：12Cr1MoV 母材在（F+C）、（C+F）、（F-C）试验条件下均呈负交互作用，焊缝在（F+C）、（F-C）试验条件下也呈负交互作用，焊缝仅在（C+F）试验条件下呈正交互作用，图 3-71 示出了母材在（F+C）、焊缝材料在（C+F）试验条件下的交互作用图。由图 3-71（a）可见，母材（F+C）的试验点几乎全部处于 $D_f + D_c = 1.0$ 的外侧，表明呈负交互作用；焊缝材料（C+F）的试验点几乎全部处于 $D_f + D_c = 1.0$ 的内侧，表明呈正交互作用。

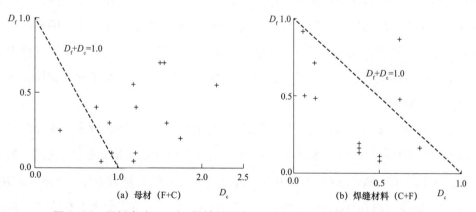

图 3-71 母材在（F+C）、焊缝材料在（C+F）试验条件下的交互作用图

对 12Cr1MoV 焊缝材料（C+F）的试验结果进一步处理，绘制的疲劳－蠕变交互作用寿命损耗曲线见图 3-72。图 3-72 中同时示出了美国 ASME CODE-CASE N47 中提供的 2.25Cr-1Mo（P22）钢的疲劳－蠕变交互作用寿命损耗曲线。

文献［21］对 P91 钢的疲劳 - 蠕变交互作用损伤进行了试验研究，获得了 P91 钢的疲劳 - 蠕变交互作用寿命损耗曲线，见图 3-73。图 3-73 中同时示出了美国 ASME、法国核岛设备设计和建造协会编制的 RCC-MR 中关于 P91 钢疲劳 - 蠕变交互作用寿命损耗曲线以及 P22、316SS、800H 合金的疲劳 - 蠕变交互作用寿命损耗曲线。

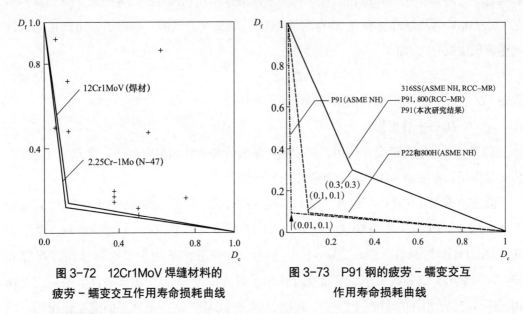

图 3-72　12Cr1MoV 焊缝材料的　　　　图 3-73　P91 钢的疲劳 - 蠕变交互
　疲劳 - 蠕变交互作用寿命损耗曲线　　　　　作用寿命损耗曲线

根据材料的疲劳 - 蠕变交互作用寿命损耗曲线、高温部件的运行工况和历程，若计算的部件的疲劳 - 蠕变交互作用寿命处于曲线的内侧，则为安全。

材料在疲劳 - 蠕变交互作用试验中总损伤呈负交互作用还是正交互作用，除了与材料的特性相关外，也可能与试验中控制应力或应变相关。火电机组用低合金钢在低周疲劳循环下多呈现为循环硬化，若在疲劳 - 蠕变交互试验中控制应力，由于循环硬化则应变越来越小，总损伤 D 可能会大于 1，呈负交互作用。若在疲劳 - 蠕变交互试验中控制应变，由于循环硬化则应力越来越高，总损伤 D 可能会小于 1，呈正交互作用，这些还需试验进一步验证。

关于高温部件疲劳 - 蠕变交互作用下的寿命损耗计算，中国也颁布了相应的技术规范，即 GB/T 43103—2023《金属材料　蠕变 - 疲劳损伤评定与寿命预测方法》，相应的有其试验方法，即 GB/T 38822—2020《金属材料蠕变 - 疲劳试验方法》。GB/T 43103—2023 中给出的蠕变损伤评定图（见图 3-74）中给出了线性损伤准则、双线性损伤准则和连续损伤准则的临界线。线性损伤准则不考虑疲劳 - 蠕变的交互作用；双线性损伤准则考虑疲劳、蠕变损伤相当，交互作用明显；连续损伤准则准则对疲劳 - 蠕变的交互作用描述更为保守。

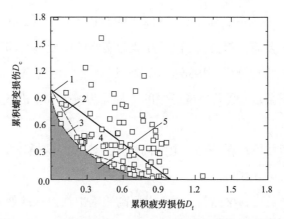

图 3-74　GB/T 43103—2023 中给出的蠕变损伤评定图

1—线性损伤准则临界线；2—双线性损伤准则临界线；3—连续损伤准则临界线；

4—双线性损伤准则临界线中的转折点；5—以连续损伤准则临界线划分的蠕变–疲劳安全域

线性损伤临界线可用 $D_f + D_c = 1$ 描述。双线性损伤临界线可用式（3-48）描述，即

$$D_c = 1 - \frac{D_f \cdot (1 - \overline{D_c})}{\overline{D_f}} \quad \left(当 \frac{d_f}{d_c} < \frac{\overline{D_f}}{\overline{D_c}} 时 \right)$$

$$D_c = \frac{\overline{D_c} \cdot (1 - D_f)}{1 - \overline{D_f}} \quad \left(当 \frac{d_f}{d_c} \geqslant \frac{\overline{D_f}}{\overline{D_c}} 时 \right) \tag{3-48}$$

式中　$\overline{D_c}$、$\overline{D_f}$ ——蠕变–疲劳双线性损伤准则临界线中累积疲劳和蠕变损伤的转折点；

$\qquad d_c$ ——一个循环周次内蠕变损伤值；

$\qquad d_f$ ——一个循环周次内疲劳损伤值。

连续损伤临界线可用式（3-49）描述，即

$$D_c^n + D_f^n = 1 \tag{3-49}$$

式中，n 的选取至少保证所有的蠕变–疲劳损伤散点处于连续损伤临界线之外。

目前对汽轮机转子、高压内缸、自动主汽门等大截面厚壁部件多采用线性损伤法则进行寿命评估，因为线性损伤法则评估精度较低，所以要深入开展疲劳–蠕变交互作用损伤的寿命品评估研究，为火电机组的安全可靠运行提供技术支持。

参考文献

［1］本手册编委会. 火力发电厂金属材料手册. 北京：中国电力出版社，2001.

［2］王栓柱. 金属疲劳. 福州：福建科学技术出版社，1985.

［3］李益民，李中华，顾海澄. 19Mn5 钢循环硬化特性与累积等效微观应变分布的有限元分析. 力学与实践，第 15 卷，1993（5）：29-32.

［4］Fatigue at elevated temperature. ASTM STP 520，1973：62–63.

［5］李益民，王金瑞，刘长久．低循环疲劳实验中应变量、加载频率与试样温升之间的关系．理化检验 物理分册，1986（1）：25–27.

［6］李益民，王金瑞．低循环疲劳中的工程无裂纹寿命．机械强度，1987，9（4）：30–34.

［7］王金瑞，李益民，翟尧忠，电站高压锅炉汽包的低循环疲劳特性．中国电机工程学报，1987，7（2）：1–10.

［8］王金瑞，李益民，梁昌乾，等．电厂高压锅炉汽包钢的疲劳性能及其疲劳设计曲线，火电厂关键部件失效分析及全过程寿命管理．北京：中国电力出版社，2000.

［9］王金瑞，李益民．30Cr2MoV 汽轮机转子钢的低周疲劳特性．机械工程材料，1987，（5）：22–27.

［10］李雅武，李长宝，王梅英，等．30Cr1Mo1V 转子钢低周疲劳性能及损伤演变规律研究汽轮机技术，1998，6（3）：184–187.

［11］王梅英，孙福民，王立峰，等．汽轮机高中压转子钢 30Cr1Mo1V 的疲劳断裂性能．北京科技大学学报，2001，9（23）增刊：115–117.

［12］杨百勋，田晓，李杨，等．10Cr 转子钢的低周疲劳特性试验研究．动力工程学报，2018，38（1）：74–79.

［13］TPRI/TQ–RA–092–2019. FB2 转子钢低周疲劳与断裂韧度研究．西安热工研究院技术报告，2019.

［14］杨华春，屠勇．P91 钢管特殊性能研究，压力容器，2004，21（4）：6–10.

［15］Zhen Zhang,ZhengFei Hu. Siegfried Schmauder，Maarijo Mlikota，and KangLe Fan，Low–Cycle Fatigue Properties of P92 Ferritic–Martensitic Steel at Elevated Temperature. Journal of Materials Engineering and Performance，March 2016.

［16］李益民，范长信，杨百勋，等．大型火电机组用新型耐热钢．北京：中国电力出版社，2013.

［17］Grzegorz Golański Stanisław Mroziński. Low cycle fatigue and cyclic softening behaviour of martensitic cast steel. Engineering Failure Analysis 35（2013）：692–702.

［18］B. F.Langer. Design of pressure vessels for low–cycle fatigue. Journal of Basic Engineering，1962.

［19］李益民，王金瑞．关于压力容器疲劳曲线的讨论．动力工程，1987（2）：43–47.

［20］丁有余，周宏利，徐铸，等．汽轮机强度计算．北京：水利电力出版社，1985.

［21］赵慧传，李益民，史志刚．P91 蒸汽管道寿命监督试验研究．国华研究院技术研究中心报告，编号：GETRC–M007–08.

［22］杨宜科，吴天禄，江先美，等．金属高温强度及试验．上海：上海科学技术出版社，1986.

［23］陈杰富，李厚毅，林洪书，等．12Cr1MoV 钢蠕变 – 疲劳交互作用特性曲线研制．压力容器，2003（4）：1–4.

第四章

金属部件缺陷的安全性评定

火力发电设备的一些重要金属部件，例如汽轮机/发电机转子、叶轮、护环等大型转动部件，锅筒、汽水分离器、汽缸、主蒸汽阀门壳体等厚壁容器，超超临界机组主蒸汽/主给水管道等承压管道等，在冶炼、浇铸、锻造、焊接以及热处理过程中，不可避免地会存在一些材料和结构方面的缺陷。此外，即使部件投运前检测合格，在运行中，由于应力、温度及环境介质的作用，在或长或短的时间后，也会出现损伤及裂纹。

火电机组金属部件失效事故表明，多数部件本身就存在小的裂纹或缺陷，在应力作用下裂纹扩展直至破断。因此，采用断裂力学方法研究裂纹或裂纹状缺陷在部件断裂过程中的行为以及材料在各种载荷和环境条件下阻碍开裂和裂纹扩展的能力，对部件缺陷进行安全性评定，对电站金属部件的安全运行和监督具有重要技术意义和工程应用价值。

对火电机组来说，采用断裂力学进行含缺陷部件的安全性评定，主要适用于一些截面尺寸大，不易更换或更换周期长、费用高的部件。对主蒸汽/主给水管道、集箱等部件的焊缝超标缺陷，可采用断裂力学进行安全性评定，但相对汽轮机/发电机转子、锅筒、汽水分离器、汽缸等部件来说进行挖补处理较为容易，故可优先考虑挖补修复。是否对含超标缺陷部件进行安全性评定，应根据部件制造更换的难易程度和价格综合考量。

第一节 金属部件的强度设计与裂纹断裂力学评定

对于不考虑裂纹的部件（视为完好部件，或无损检测缺陷不超出相关标准）设计，通常采用常规强度设计，即以部件危险部位的应力为主要参量，以部件材料的拉伸强度、扭转强度、持久强度为判据，辅以一定的安全系数获得许用应力。对管道和压力容器，设计其最小壁厚，对汽轮机、发电机转子设计其最小轴径。对含裂纹的大截面尺寸部件，可采用断裂力学方法进行缺陷安全性评定。表 4-1 列出了常规强度设计与断裂力学缺陷评定的比较。表 4-1 中的 σ_y、σ_b、σ^T_t 分别为材料的屈服强度、抗拉强度和持久强度；K_I 为部件裂纹尖端的应力强度因子，K_{IC} 为部件材料平面应变断裂韧度；δ 为部件的裂纹张开位移，δ_C 为部件材料裂纹张开位移临界值；J 为部件裂纹尖端应力、应变强度的 J 积分，J_{IC} 为部件材料 J 积分临界值；n_y、n_b、n_t、n_k、n_δ、n_J 分别为相应的安全系数。与材料的屈服强度 σ_y、抗拉强度 σ_b 和持久强度 σ^T_t 一样，K_{IC}、δ_C、J_{IC} 为材料的固有特性指标。

表 4-1　　　　　　　常规强度设计与断裂力学缺陷评定的比较

项目	常规强度设计	断裂力学缺陷评定
研究对象	完好部件或构件	含缺陷部件或构件
力学分析	危险部位的应力分析 σ	裂纹处的应力和断裂力学参量分析 $(K_I、\delta、J)$
理论基础	材料力学	断裂力学
材料性能	σ_y、σ_b、σ^T_t	K_{IC}、δ_C、J_{IC}
安全判据	$\sigma \leqslant \sigma_y / n_y$ $\sigma \leqslant \sigma_b / n_b$ $\sigma \leqslant \sigma^T_t / n_t$	$K_I \leqslant K_{IC} / n_k$ $\delta \leqslant \delta_C / n_\delta$ $J \leqslant J_{IC} / n_J$

由表 4-1 可见：进行含缺陷部件的断裂力学评定，需分析计算裂纹尖端的断裂力学参量（K_I、δ、J），测定部件材料的断裂韧度，选取合适的断裂判据。

对于部件中的裂纹（缺陷），可根据部件的材料性能、裂纹处的受力状态采用断裂力学方法确定裂纹的临界尺寸 a_c。若部件中的裂纹（缺陷）尺寸 a 小于 a_c，即部件在正常运行条件下，裂纹（缺陷）不会发生失稳断裂。然后依据部件的受力状态和材料疲劳裂纹扩展速率或蠕变裂纹扩展速率，计算部件裂纹扩展剩余寿命。

含裂纹长度为 a 的部件，随着运行时间的增加裂纹扩展，直至断裂。服役载荷较高，临界断裂尺寸 a_c 较短；反之，服役载荷较低，临界断裂尺寸 a_c 较长。这表明表征裂纹尖端的应力应变场强度主要与载荷高低、裂纹尺寸相关，构件的结构几何尺寸也会影响裂纹尖端的应力、应变场强度。

第二节　金属部件中缺陷的形态、分布及开裂型式

断裂力学是以含缺陷部件或结构为研究对象，金属部件中的缺陷包括裂纹、夹杂物、疏松、缩孔；焊缝中包括裂纹、未熔合、气孔、未焊透等。按缺陷在部件中所处的位置，有表面缺陷、埋藏缺陷和穿透缺陷；按缺陷的分布有单个缺陷和群集缺陷；按缺陷的形态有平面缺陷和体积型缺陷。

金属部件中最危险的缺陷是裂纹，其次为平面缺陷和体积型缺陷。按缺陷在部件中所处的位置，穿透型缺陷最危险，其次为表面缺陷、埋藏缺陷。

一、部件中裂纹（缺陷）的形态、分布、规则化与表征

在进行缺陷安全评定时，对无损检测的部件裂纹或缺陷，在断裂力学评定中均视为裂纹。根据裂纹（缺陷）类型、在部件中的位置、分布需进行缺陷的规则化表征。将缺陷表征为规则裂纹状的表面裂纹、穿透裂纹和埋藏裂纹。表征后的裂纹为椭圆形、圆形、半椭圆形或矩形。GB/T 19624《在用含缺陷压力容器安全评定》中规定了压力容器平面缺陷、群集裂纹（缺陷）、体积型缺陷的规则化与表征，汽水管道、大型铸钢件的缺陷规则化可借鉴。图 4-1 示出了单个平面缺陷的表征，图 4-2 ～图 4-4 示出了单个穿透缺陷、表面缺陷和埋藏缺陷的规则化与表征。图 4-5 示出了两个共面缺陷规则化与表征。对于共面裂纹的复合及相互影响、非共面裂纹的复合及相互影响、体积性缺陷（凹坑、气孔和夹渣）的表征按 GB/T 19624 的规定处理。

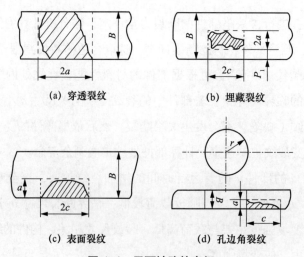

(a) 穿透裂纹　　　　　　　　　(b) 埋藏裂纹

(c) 表面裂纹　　　　　　　　　(d) 孔边角裂纹

图 4-1　平面缺陷的表征

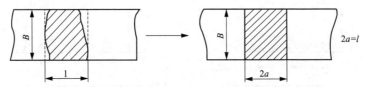

图 4-2　穿透缺陷的规则化与表征

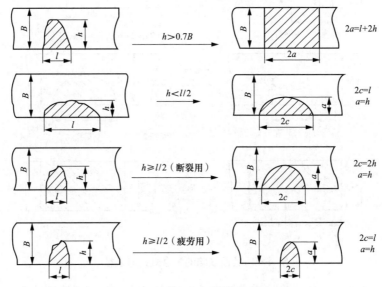

图 4-3　表面缺陷的规则化与表征

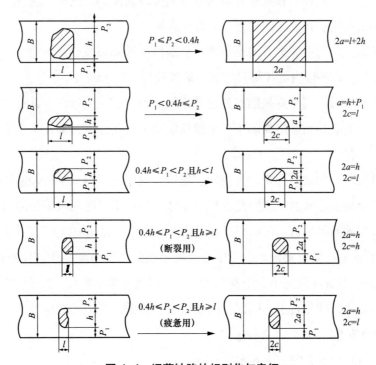

图 4-4　埋藏缺陷的规则化与表征

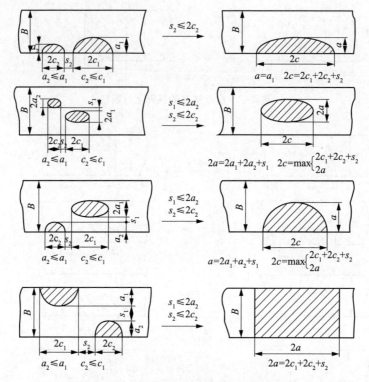

图 4-5 共面缺陷的复合规则与表征

用断裂力学进行部件缺陷的安全性评估，压力容器、集箱及管道的无损探伤应给出缺陷的二维尺寸（缺陷长度和壁厚方向的自身高度以及缺陷之间的二维间距，然后按照GB/T 19624 中的规定进行缺陷的简化、复合与表征。

对裂纹平面方向与主应力方向不垂直的斜裂纹，可将裂纹投影到与主应力方向垂直的平面内，依据在该平面内的投影尺寸表征裂纹长度。

多个缺陷相邻时，则密集缺陷有开裂并连接成单个裂纹的倾向。共面密集缺陷（尤其是共线裂纹）比非共面密集缺陷（三维密集缺陷）危险性大，即在一个平面内的缺陷更易扩展成单个裂纹。

汽轮发电机转子的缺陷评定，无损探伤需给出缺陷的三维尺寸（缺陷轴向、周向和径向尺寸）以及缺陷之间的三维间距。当转子体内的密集缺陷为共面缺陷时，缺陷长度与缺陷间距 $2c/S$ 的临界比值：带中心孔转子的最大受力部位孔边处为 0.3；实心转子的芯部为 0.6；对非共面三维密集缺陷，带中心孔转子的最大受力部位孔边处为 0.5，实心转子的芯部为 0.8。当 $2c/S$ 的比值大于临界比值时，则视为单个裂纹。$2c/S$ 的临界比值随缺陷位置不同而变化，即与转子不同部位的受力状态相关。受力状况越恶劣，裂纹间隔要越远，才能保证安全。

缺陷长度与间距示意图如图 4-6 所示。

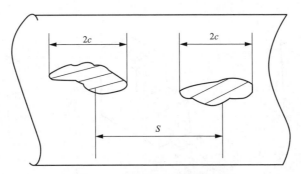

图 4-6　缺陷长度与间距示意图

采用传统的超声波技术检测转子缺陷，对较小的缺陷往往指示的缺陷尺寸小于实际缺陷尺寸。例如，苏联、英国、德国研究表明，实际缺陷面积是探伤指示面积的 2 ～ 3 倍；Parsons 公司对汽轮机中、低压转子进行缺陷安全评定时，保守的假定实际缺陷面积为无损检测面积的 4 倍。国内某汽轮机厂对叶轮进行解剖，分析 100 个缺陷，其中 50 个缺陷与探伤结果相比，在面积上约大 2.7 倍。考虑超声波检测埋藏缺陷的误差，DL/T 654《火电机组寿命评估技术导则》中推荐：对超声波检测的小于或等于 $\phi 5$ 当量埋藏缺陷，对其面积放大 2.25 倍；对超声波检测的小于或等于 $\phi 10$ 当量埋藏缺陷，对其面积放大 1.5 倍；对超声波检测的大于 $\phi 10$ 的当量埋藏缺陷，按检测尺寸进行缺陷的规则化。

若采用超声衍射时差检测（Time of Flight Diffraction，TOFD）或超声相控阵检测（Ultrasonic Phased Array Inspection）进行转子体内缺陷的检测，可根据 TOFD 或相控阵技术的检测精度，对缺陷进行适当修正。转子缺陷的简化、复合和表征可参照 GB/T 19624《在用含缺陷压力容器安全评定》。

二、裂纹（缺陷）的开裂型式

按裂纹（缺陷）的受力状态与开裂型式可划分为 I 型（张开型）、Ⅱ型（剪切型）和Ⅲ型（撕裂型）三种开裂型式（见图 4–7）。

（1）I 型（张开型）。裂纹受垂直于裂纹面的拉应力，使裂纹上下张开。

（2）Ⅱ型（剪切型）。裂纹受平行于裂纹面，且垂直于裂纹前缘的剪应力，使裂纹在平面内相对滑开。

（3）Ⅲ型（撕裂型）。裂纹受平行于裂纹面，且平行于裂纹前缘的剪应力，使裂纹在平面内相对错开。

在此三种开裂型式中，I 型（张开型）是最危险的状态，故部件的缺陷安全评定主要考虑 I 型开裂（张开型）。

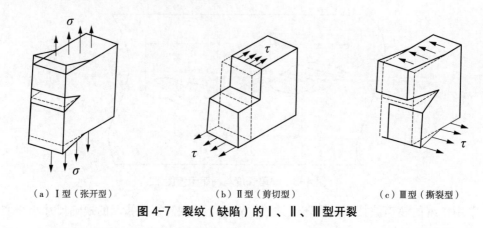

| （a）Ⅰ型（张开型） | （b）Ⅱ型（剪切型） | （c）Ⅲ型（撕裂型） |

图 4-7　裂纹（缺陷）的Ⅰ、Ⅱ、Ⅲ型开裂

第三节　断裂力学基础

一、部件（构件）的受力状态

在断裂力学研究中，经常会碰到平面应变、平面应力概念。

（1）平面应力：只在平面纵、横向有应力，与平面垂直方向的应力很小，可忽略，例如承受拉伸的薄板。

（2）平面应变：只在平面纵、横向有应变，与平面垂直方向的应变很小，可忽略，例如承受拉伸的厚板、承受内压的厚壁圆筒、汽轮机转子、发电机转子等，厚度或半径方向的应变受约束，其应变量小得可忽略。

研究含裂纹厚板拉伸断裂发现，板厚中心的塑性变形区远小于板表面的塑性变形区。设想在板表面取很薄的一层，由于表面是自由面，拉伸过程中垂直于板面方向不受力，可视为平面应力状态。在板厚中心，拉伸作用下板厚会减薄，但由于板两个表面的约束，板厚中心材料处于三向应力状态，沿板厚方向的变形被约束，处于平面应变状态。处于平面应变状态下的含裂纹部件，其危险性大于平面应力状态下的含裂纹部件。

二、线弹性断裂力学

1. 能量释放率

早在 20 世纪 20 年代，Griffith 根据理想弹性无限大平板中心存在一条狭长裂纹，受到无穷远处的单向均匀拉伸模型（见图 4-8），提出了裂纹扩展的能量释放理论[1]。

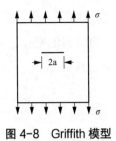

图 4-8　Griffith 模型

平板中心裂纹在力的作用下会扩展，意味着在平板中产生了新界面，因而需提供形成新表面的表面能。设长度为 a 的裂纹扩展量为 Δa，形成新的裂纹面，在裂纹尖端释放出能量 G，产生表面能 γ_s。根据能量守恒定律，则

$$G\,(B\Delta a)=\gamma_s\,(2B\Delta a) \qquad (4\text{--}1)$$

式中　B——平板厚度，右边括号内的 $2B\Delta a$ 为裂纹新增的表面积（裂纹有上下两个表面）；消去 $B\Delta a$ 后式（4–1）成为

$$G=2\gamma_s \qquad (4\text{--}2)$$

若裂纹未扩展，则平板中存储的应变能 U 大于无裂纹板中存储的应变能 U_0，两者之差为裂纹存在附加的应变能 U_1。若裂纹发生扩展，裂纹尖端释放的应变能则是由总应变能的一部分转化过来。因此，比较裂纹扩展前后的总能量就可得到应变能释放率。设裂纹扩展量为 Δa 的总应变能为 $U(a+\Delta a)$，裂纹扩展前的总应变能为 $U(a)$，根据能量守恒定律和能量释放率定义，则

$$G=\lim_{\Delta a\to 0}\frac{1}{2B}\frac{U(a+\Delta a)-U(a)}{(a+\Delta a)-a} \qquad (4\text{--}3)$$

即

$$G=\frac{2}{2B}\frac{\partial U}{\partial a} \qquad (4\text{--}4)$$

由此可见，所谓裂纹扩展动力 G 就是裂纹扩展单位面积时部件储存的能量的下降率。因此，G 称为应变能释放率。应变能释放率是指裂纹由某一端点向前扩展一个单位长度时，平板单位厚度释放出的能量。

Griffith 利用 Inglis 关于无限大平板带有圆孔的弹性解析解，获得了含裂纹无限大平板的附加应变能 U 为

$$U=\frac{\pi\sigma^2 a^2 B}{E} \qquad (4\text{--}5)$$

式中　E——材料的弹性模量；

$\quad\ \ \sigma$——板端施加的应力；

$\quad\ \ a$——裂纹长度。

根据应变能释放率 G 的定义，在平面应力条件下，可得式（4-6）；在平面应变条件下，式（4-5）中 E 为 $E/(1-\mu^2)$，μ 为材料泊松比，取 0.3，则

$$G = \frac{\pi\sigma^2 a}{E} \qquad\qquad (4-6)$$

令式（4-6）中的 $\sigma\sqrt{\pi a} = K_\mathrm{I}$，可得

$$G_\mathrm{I} = \frac{K_\mathrm{I}^2}{E} \qquad （平面应力状态） \qquad (4-7)$$

$$G_\mathrm{I} = \frac{K_\mathrm{I}^2}{E/(1-\mu^2)} \qquad （平面应变状态） \qquad (4-8)$$

Griffith 提出的理想弹性无限大平板中心裂纹受单向均匀拉伸裂纹扩展的应变能释放率，开创了断裂力学的研究领域。

2. 应力强度因子

应力强度因子是描述裂纹尖端附近应力、位移场强度的参量，Ⅰ型开裂在工程中较为常见且是最危险的状态，下面简述Ⅰ型裂纹应力强度因子 K_I 的计算[2]。

一块均匀、各向同性的弹性板材，在受均匀拉伸应力时，板中会产生均匀的应力。如果板中心有一裂纹，则裂纹尖端附近的应力场会显著增大。Westergaard 推导出了含有中心裂纹无限大平板受双向拉伸时裂纹尖端附近的应力和位移场，即

$$\begin{cases} \sigma_x = \dfrac{K_\mathrm{I}}{\sqrt{2\pi r}} \cos\dfrac{\theta}{2}\left[1-\sin\dfrac{\theta}{2}\sin\dfrac{3\theta}{2}\right] + \cdots \\[3mm] \sigma_y = \dfrac{K_\mathrm{I}}{\sqrt{2\pi r}} \cos\dfrac{\theta}{2}\left[1+\sin\dfrac{\theta}{2}\sin\dfrac{3\theta}{2}\right] + \cdots \\[3mm] \tau_{xr} = \dfrac{K_\mathrm{I}}{\sqrt{2\pi r}} \cos\dfrac{\theta}{2}\sin\dfrac{\theta}{2}\cos\dfrac{3\theta}{2} + \cdots \\[3mm] u = \dfrac{K_\mathrm{I}}{\sqrt{4\mu}}\sqrt{\dfrac{r}{2\pi}}\left[(2k-1)\cos\dfrac{\theta}{2}-\cos\dfrac{3\theta}{2}\right] + \cdots \\[3mm] v = \dfrac{K_x}{\sqrt{4\mu}}\sqrt{\dfrac{r}{2\pi}}\left[(2k+1)\sin\dfrac{\theta}{2}-\sin\dfrac{3\theta}{2}\right] + \cdots \end{cases} \qquad (4-9)$$

式中 σ_x、σ_y、τ_{xy} ——裂纹尖端附近的应力分量；

$\quad u$、v ——裂纹尖端附近的位移分量；

$\quad r$ ——距离裂纹尖端的距离。

k 为系数。平面应变状态，$k=(3-4\mu)$；平面应力状态，$k=(3-\mu)/(1+\mu)$。μ 是材

料的泊松比，取 0.3。

由式（4-9）可见：应力、位移式中均有 K_I，且与应力、位移的大小成正比，K_I 称之为裂纹尖端的应力强度因子。应力与至裂纹尖端距离的平方根 $\sqrt{r}$ 成反比，当 $r \to 0$ 时，应力趋于无穷大，在裂纹尖端处，应力具有奇异性。因此，不能用裂纹尖端的应力作为判断含缺陷部件是否破坏的判据。

式（4-9）中的 $\theta=0$ 时，则

$$K_I = \lim_{r \to 0} \sigma_y \sqrt{2\pi r} \qquad (4-10)$$

工程中最常用的应力强度因子表达式为

$$K_I = Y\sigma\sqrt{\pi a} \qquad (4-11)$$

式中　σ ——名义应力（部件无缺陷时该部位的应力）；

　　　a ——裂纹尺寸；

　　　Y ——形状修正系数，与裂纹尺寸、形状、结构几何、边界条件相关。例如焊接结构为

$$Y = \frac{M_k M_s M_t M_p}{\phi_0} \qquad (4-12)$$

式中　M_k ——考虑裂纹位于焊缝应力集中区的修正；

　　　M_s ——考虑自由表面影响的修正；

　　　M_t ——考虑板厚效应的修正；

　　　M_p ——裂纹尖端塑性应变区的修正；

　　　ϕ_0 ——完全椭圆积分，反映裂纹尺寸的影响。

对压力容器，式（4-11）中的 Y 可用 M 表示，M 为容器或管道的鼓胀效应系数。

$$\left.\begin{array}{ll} \text{球形容器裂纹} & M = \sqrt{1+1.93a^2/Rt} \\ \text{圆筒容器轴向裂纹} & M = \sqrt{1+1.61a^2/Rt} \\ \text{圆筒容器环向裂纹} & M = \sqrt{1+0.32a^2/Rt} \end{array}\right\} \qquad (4-13)$$

式中　R、t ——容器半径和壁厚。

应力强度因子表达式可采用不同的计算方法获得，例如，复变应力函数法、积分变换法、边界配置法、有限元法、参数法等。工程中一些常见结构缺陷的应力强度因子表达式可查阅有关资料，例如中国航空研究院 1981 编写的《应力强度因子手册》[3]。

对 I 型开裂，当式（4-11）的 K_I 达到临界值 K_{IC} 时，裂纹失稳扩展，K_{IC} 称之为材料平面应变断裂韧度。

在对含缺陷部件进行断裂力学安全性评定时，还应考虑安全裕度，即

$$K_{\mathrm{I}} < K_{\mathrm{IC}}/n \qquad\qquad (4\text{–}14)$$

式中的 n——安全系数。

3. 裂纹尖端塑性区修正

裂纹尖端附近的应力和位移场表达式（4-9）是基于弹性分析。实际金属材料不论强度高低，在裂纹尖端，当应力达到材料的屈服极限时便产生塑性变形，应力降至屈服极限，于是在裂纹尖端形成塑性区。塑性区的大小与材料的屈服强度、载荷大小、裂纹尺寸及应力状态有关。当载荷和裂纹尺寸一定时，脆性材料的塑性区较小，韧性材料塑性区尺寸大；对同一种材料、相同的裂纹尺寸，平面应力下的塑性区尺寸大于平面应变。

图 4-9 示出了裂纹尖端的应力状态和塑性区。图 4-9 中 σ_y 表示材料的屈服极限，裂纹尖端的材料一旦屈服，则屈服区内的最大主应力恒等于 σ_y（理想塑性材料），引起屈服区（$r \leqslant r_y$）内产生多余的应力（ADC 的面积），多余的应力会导致塑性区的扩大（$r_y \rightarrow R$）。计算表明，在平面应力和平面应变条件下，$R=2r_y$。

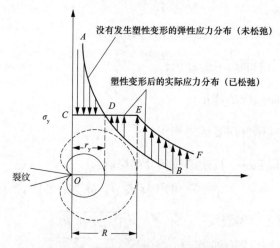

图 4-9 裂纹尖端的应力状态和塑性区

20 世纪 60 年代 Irwin，G.R 在 Griffith 模型的基础上，考虑了金属裂纹尖端塑性区。在塑性区较小的条件下，Irwin 将裂纹尖端塑性区的一半视为实际裂纹的延伸，即裂纹的有效长度 $a_x=a+(1/2)R=a+r_y$[4]。于是，在塑性区较小条件下，将裂纹尖端的弹塑性问题简化为弹性处理。

工程中若塑性区尺寸相对于裂纹长度很小，通常可不对应力强度因子进行修正。故对 Griffith 裂纹模型和 Irwin 裂纹模型，可采用线弹性断裂力学对裂纹的安全性进行评定。

4. 应变能密度 S 判据

在工程结构或部件中，裂纹的断裂并不是纯 I 型开裂，可能是 I – II 型、I – III 型或 I – II – III 的复合。例如汽轮机转子受力状态复杂，若转子体存在超标缺陷，这时就应考虑复合型断裂问题。基于裂纹尖端的应力、位移和能量推出了几种复合型断裂判据，例如，最大应力判据、应变能密度判据、应变能释放率判据。DL/T 654《火电机组寿命评估技术导则》中推荐采用应变能密度 S 判据进行含缺陷转子的安全性评定。

以裂纹尖端为圆心，裂纹沿裂纹尖端同心圆上应变能密度因子 S 极小值方向开裂。S 达到临界值 S_c 时，裂纹失稳断裂，称为 S 判据[5]。

弹性体的应变能密度 S 由式（4–15）～式（4–20）计算，即

$$S = a_{11}K_I^2 + 2a_{12}K_I K_{II}^2 + a_{22}K_{II}^2 + a_{33}K_{III}^2 \tag{4-15}$$

$$a_{11} = \frac{1}{16G\pi}(1+\cos\theta)(k-\cos\theta) \tag{4-16}$$

$$a_{12} = \frac{1}{16G\pi}\sin\theta[2\cos\theta - (k-1)] \tag{4-17}$$

$$a_{22} = \frac{1}{16G\pi}[(k-1)(1-\cos\theta)(1+\cos\theta)(3\cos\theta-1)] \tag{4-18}$$

$$a_{33} = \frac{1}{4G\pi} \tag{4-19}$$

$$k=(3-4\mu)（平面应变）$$

式中　　　　　G ——材料的切变模量；

μ ——材料的泊松比，0.3；

θ ——从裂纹延长线量起的裂纹尖端的极角；

K_I、K_{II}、K_{III} —— I 、II 、III 型开裂应力强度因子。

考虑最危险的 I 型开裂时，材料的临界值 S_c 由式（4–20）计算，即

$$S_C = \frac{(k-1)}{8G\pi}K_{IC}^2 = \frac{(1-2\mu)K_{IC}^2}{4G\pi} \tag{4-20}$$

当 $S \geq S_C$ 时，为不可接受的缺陷。

II 型开裂时，则

$$S_C = \frac{2(1-\mu)-\mu^2}{12G\pi}K_{IIC}^2 \tag{4-21}$$

式中　K_{IIC}——材料在 II 型开裂下的断裂韧度。

III 型开裂时，则

$$S_C = \frac{1}{4G\pi}K_{IIIC}^2 \tag{4-22}$$

式中　$K_{\text{ⅢC}}$——材料在Ⅲ型开裂下的断裂韧度。

根据式（4-20）～式（4-22）可得

$$K_{\text{ⅡC}}=0.957K_{\text{IC}}$$

$$K_{\text{ⅢC}}=0.63K_{\text{IC}}$$

三、弹塑性断裂力学

对于强度较低、韧性较高的材料，其裂纹尖端的塑性屈服范围较大，这就需采用弹塑性断裂力学分析裂纹尖端的应力、应变场强度。弹塑性断裂力学首先要解决的问题是，如何在弹塑性条件下确定一个既能定量描述含裂纹体的应力、应变场强度，又易于试验测量或理论计算的参数。下面简要介绍金属材料在弹塑性条件下裂纹尖端张开位移 COD 和 J 积分参量。

1. 裂纹尖端张开位移

A.A.Wells 在 20 世纪 60 年代初提出了裂纹尖端张开位移（Crack Tip Opening Displancement，COD）概念。图 4-10 示出了压力容器或管道有一穿透壁厚的裂纹，在裂纹尖端有较大的塑性区，COD 法认为裂纹的失稳断裂是由于裂纹尖端 A 或 B 的张开位移 COD 等于或大于其临界值。

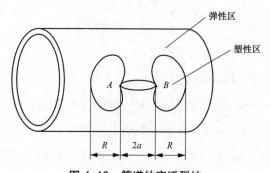

图 4-10　管道的穿透裂纹

Dugdale 参照 Irwin 有效裂纹模型，将裂纹尖端塑性区的一半视为实际裂纹的延伸，裂纹的有效半长为（$a+R$），应用 Muskhelishvili 的方法研究了平面应力状态下无限大薄板中穿透裂纹的弹塑性应力场问题，并假定材料为理想弹塑性体。裂纹 $2a$ 两端有"耳状"塑性区［见图 4-11（a）］，Dugdale 将裂纹塑性区简化为尖劈形状，见图 4-11（b）的涂黑部分。由于塑性区（有效裂纹）R 受屈服应力引起压缩，见图 4-11（c）。于是，原长 $2a$ 的裂纹和 $2R$ 塑性区等效为长度 $2c$ 的裂纹，等效后的 $2c$ 裂纹相对于原长 $2a$ 的裂纹多承受一个分布成偶压应力 σ_y。经过这样处理后，把塑性问题转化为线弹性问题[6]。

图 4-11 常称为"D-M 模型"（D-Dugdale，M-Muskhelishvili），又称"大范围屈服模型"或"窄条屈服模型"，裂纹尖端的张开位移 COD（或 δ）为

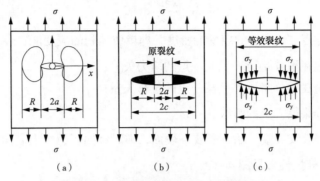

图 4-11　薄板穿透裂纹的 D-M 模型

$$\delta = \frac{8a\sigma_y}{\pi E} \ln\sec \frac{\pi\sigma}{2\sigma_y} \qquad (4-23)$$

式（4-23）中的 E 为弹性模量，在平面应变条件下为 $E'=E/(1-\mu^2)$。式（4-23）是 COD 的通用表达式，适用于 $\sigma/\sigma_y \le 0.55$。对于工程中大多数压力容器和管道，$\sigma/\sigma_y \le 0.55$。由式（4-23）可得含穿透裂纹压力容器临界开裂应力 σ_c 下的临界张开位移 δ_c，即

$$\delta_C = \frac{8a_c\sigma_y}{\pi E} \ln\sec \frac{\pi\sigma_c M}{2\sigma_y} \qquad (4-24)$$

式中　M——压力容器或管道的鼓胀效应系数［见式（4-13）］。"D-M 模型"建立于薄板和理想弹塑性体，若用于实际压力容器和管道，需考虑容器或管道鼓胀效应。

与材料的屈服强度、抗拉强度一样，临界裂纹张开位移 δ_c 也是材料常数。

根据式（4-24），可得含缺陷压力容器或管道的临界裂纹尺寸 a_c，即

$$a_c = \frac{\pi E \delta_c}{8\sigma_y} \left[\frac{1}{\ln\sec\left(\dfrac{\pi\sigma_c M}{2\sigma_y}\right)} \right] \qquad (4-25)$$

在小范围屈服条件下，裂纹张开位移 δ 与应力强度因子 K_I 有如下关系，即

$$\delta = \frac{\pi\sigma^2 a}{E\sigma_y} = \frac{K_I^2}{E\sigma_y} \qquad (4-26)$$

材料 COD 的临界值 δ_c 与 K_{IC} 的关系为

$$K_{IC} = \sqrt{E\delta_c\sigma_y} \qquad (4-27)$$

式中　E——材料弹性模量；

　　　σ_y——材料屈服强度。

2. J 积分

在固体力学中，为了分析裂纹周围的应力、应变场，常利用一些有守恒性的线积

分，即围绕裂纹的线积分值是一个与积分路径无关的常数。Rice 根据小应变塑性形变理论于 1968 年提出了具有这种特性的 J 积分[7]，其定义为

$$J=\int_{\Gamma}\left[W\mathrm{d}y-\vec{T}\frac{\partial\vec{u}}{\partial x}\mathrm{d}s\right] \tag{4-28}$$

式中　W ——任意点（x，y）的应变能密度，即单位体积的应变能；

　　　$\vec{T}$ ——作用在积分路径 Γ 上某一点的应力矢量；

　　　$\vec{u}$ ——作用在积分路径 Γ 上某一点的位移矢量；

　　　$\mathrm{d}s$ ——积分路径 Γ 上的弧线元；

　　　Γ ——围绕裂纹尖端，始于裂纹下表面，逆时针回到裂纹上表面的任意路径。

J 积分定义及守恒性参见图 4-12。

严格来说，J 积分与路径无关，是建立在裂纹不发生卸载的条件下。裂纹扩展则意味着卸载（见图 4-13），加载沿着 OA，卸载至 B 后再加载，则沿着 BC。裂纹扩展意味着局部卸载，因此，严格来说 J 积分判据只可用于裂纹的启裂。

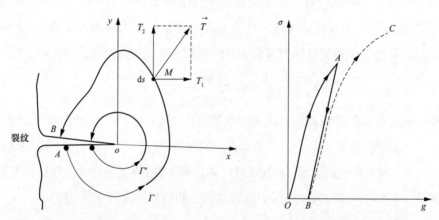

图 4-12　J 积分定义及守恒性　　　图 4-13　塑性变形的不可逆性

可以证明，J 积分值与裂纹尖端弹塑性能量的释放关系，正好和 Griffith 能量释放率与裂纹尖端弹性能量的释放关系相似。在小范围屈服时，J 等于 G。利用 Dugdale 模型，可得 J 积分与裂纹张开位移 δ 的关系

$$J=\sigma_y\delta \tag{4-29}$$

考虑材料的变形强化和裂纹尖端的塑性区并非纯粹的平面应力状态，对式（4-29）进行修正，则

$$J=\beta\sigma_y\delta \tag{4-30}$$

式中　β ——COD 降低系数，β=1.1～2.0；

　　　σ_y ——材料屈服强度。

J 积分的临界值为 J_{IC}，为材料的断裂韧度，则

$$J_{\mathrm{I\,c}}=\sigma_y\delta_c \text{ 或 } J_{\mathrm{I\,c}}=\beta\sigma_y\delta_c \tag{4-31}$$

$J_{\mathrm{I\,c}}$ 与应力强度因子 K_{IC} 有如下关系，即

$$K_{\mathrm{IC}} = \sqrt{EJ_{\mathrm{IC}}/(1-\mu^2)} \tag{4-32}$$

第四节　含缺陷部件的断裂力学评定

一、含缺陷压力容器及管道的断裂力学评定

Burdekin 在 Wells 早期研究的基础上，根据大量宽板试验结果，并考虑"D–M 模型"推导出式（4-33），即

$$\delta=2\pi\varepsilon_y a\phi \tag{4-33}$$

式中　ε_y——材料的屈服应变；

　　　ϕ——无量纲裂纹张开位移，$\phi=\delta/(2\pi a\varepsilon_y)$。

图 4-14 所示为英国焊接学会提出的可用于工程的裂纹张开位移评定曲线。大量的工程实践表明，COD 设计曲线是一种安全、保守的评定方法。中国压力容器学会 1984 年制订的 CVDA—1984《压力容器缺陷评定规范》就采用了 COD 设计曲线。COD 设计曲线也是 GB/T 19624《在用含缺陷压力容器安全评定》中平面缺陷的简化评定的基础。

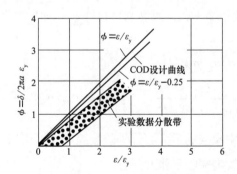

图 4-14　无量纲 COD 与无量纲应变的关系

Burdekin 根据试验数据分散带上限，建议在全屈服条件下，对屈服强度 $\sigma_y<$ 490MPa 的压力容器钢，取 $\phi=\varepsilon/\varepsilon_y-0.25$ 作为设计计算时的曲线，则

$$\delta_c=2\pi\, a_c\, \varepsilon_y\left(\frac{\varepsilon}{\varepsilon_y}-0.25\right)$$

或

$$a_c=\frac{1}{2\pi\left(\dfrac{\varepsilon}{\varepsilon_y}-0.25\right)}\cdot\frac{\delta_c}{\varepsilon_y} \tag{4-34}$$

对屈服强度 $\sigma_y>$ 490MPa 的压力容器钢，可采用式（4-35），即

$$\delta_c = 2\pi \cdot a_c \cdot \varepsilon_y \left(\frac{\varepsilon}{\varepsilon_y}\right)^2$$

或
$$a_c = \frac{1}{2\pi \left(\frac{\varepsilon}{\varepsilon_y}\right)^2} \cdot \frac{\delta_c}{\varepsilon_y} \qquad (4-35)$$

国际焊接学会（IIW）、英国标准协会 WEE/37、英国标准协会 BS PD 6493 等压力容器缺陷评定规范中采用了 Burdekin 公式，即

$$\left. \begin{aligned} \delta &= 2\pi a \varepsilon_y (\varepsilon/\varepsilon_y)^2 \qquad (\varepsilon \leqslant 0.5\varepsilon_y) \\ \delta &= 2\pi a(\varepsilon - 0.25\,\varepsilon_y) \qquad (\varepsilon > 0.5\varepsilon_y) \end{aligned} \right\} \qquad (4-36)$$

式（4-34）～式（4-36）中的 ε 为裂纹处的应变。GB/T 19624 也采用了相近的公式，即

$$\left. \begin{aligned} \delta &= \pi \bar{a} \sigma_y (\sigma_\Sigma / \sigma_y)^2 M_g^2 / E \qquad &\sigma_\Sigma < \sigma_y \\ \delta &= 0.5\pi \bar{a} \sigma_y (\sigma_\Sigma / \sigma_y + 1) M_g^2 / E \qquad &\sigma_\Sigma \geqslant \sigma_y \geqslant (\sigma_{\Sigma1} + \sigma_{\Sigma2}) \end{aligned} \right\} \qquad (4-37)$$

式中　$\bar{a}$——等效裂纹尺寸；

　　σ_y——材料屈服强度；

　　σ_Σ——总当量拉伸应力；

　　M_g——容器或管道的鼓胀效应系数，见式（4-13）；

　　E——材料弹性模量；

　　$\sigma_{\Sigma1}$——由一次膜应力及局部应力集中引起的当量拉伸应力；

　　$\sigma_{\Sigma2}$——由面外弯曲应力引起的当量拉伸应力。

根据式（4-37）可确定最大容许等效裂纹尺寸 $\bar{a}_m$，即

$$\left. \begin{aligned} \bar{a}_m &= \frac{E\delta_c}{2\pi\sigma_y(\sigma_\Sigma / \sigma_y)^2 M_g^2} \qquad &\sigma_\Sigma < \sigma_y \\ \bar{a}_m &= \frac{E\delta_c}{\pi\sigma_y(\sigma_\Sigma / \sigma_y + 1)M_g^2} \qquad &\sigma_\Sigma \geqslant \sigma_y \geqslant (\sigma_{\Sigma1} + \sigma_{\Sigma2}) \end{aligned} \right\} \qquad (4-38)$$

式中　$\bar{a}_m$——简化评定中缺陷的最大容许等效裂纹尺寸，相当于式（4-25）中的 a_c；

　　δ_c——材料的裂纹尖端临界张开位移。

含缺陷压力容器的断裂力学评定基本程序为确定部件裂纹处的应力、应变；获取材料的断裂韧度；采用 COD 判据对缺陷的安全性进行评定。具体的评定程序和方法，国内外相关标准或规范中均有明确详细的规定。例如，GB/T 19624《在用含缺陷压力容器安全评定》，英国 BS PD 6493《焊接缺陷验收标准若干方法》，英国 BS 7910《金属结构缺陷评定导则》，英国 R6《含缺陷结构完整性评定方法》，SINTAP《欧洲工业结构完整性评定方法》，ECCC-WG4［欧洲蠕变委员会第 4 工作组（构件）］制定的 R5《高温构件的设计和评定规程》，日本焊接协会 WSD 委员会制定的 WES 2085K《按脆断评定的焊接缺陷验收标准》，国际焊接学会制定的《IIW 按脆性破坏观点建议的缺陷评定方法》

等，美国 ASME《锅炉和压力容器规范　第Ⅷ卷　第 3 册》中也包含高压容器的缺陷评定。在此不予详述。

二、含缺陷汽轮机、发电机转子的断裂力学评定

汽轮机、发电机转子由于直径较大，转子体内若存在裂纹或超标缺陷，则处于平面应变状态。服役条件下转子要承受离心力引起的径向应力、自重产生的弯曲拉应力、扭转产生的剪应力，机组启停产生的热应力，受力状态复杂，故对其裂纹或缺陷的安全性评定采用应变能密度 S 判据或复合应力强度因子判据，DL/T 654《火电机组寿命评估技术导则》中推荐采用 S 判据。见本章第三节"断裂力学基础"中"二、线弹性断裂力学"中的"4.应变能密度 S 判据。"

第五节　材料断裂韧度的获取

材料的断裂韧度包括平面应变断裂韧度 K_{IC}、裂纹尖端临界张开位移 δ_c 和临界 J 积分 J_{IC}。关于 K_{IC}、δ_c 和 J_{IC} 的测试，国内外有相关标准，例如 GB/T 4161—2007《金属材料平面应变断裂韧度 K_{IC} 试验方法》。GB/T 21143—2014《金属材料准静态断裂韧度统一试验方法》中包含了 δ_c 和 J_{IC} 的测定。在进行含缺陷部件的断裂力学评定中，材料断裂韧度的获取最好选与部件材料牌号相同、热处理状态相同的材料进行试验测定。若有条件从服役部件或同类退役部件上取样，宜选取应力较大、服役温度较高部位的材料作试料。断裂力学试样要预制裂纹，通常根据实际部件的裂纹取向作为试样裂纹取向的依据。若无法获取试验材料，也可从相关资料、材料手册中查找。

一、平面应变断裂韧度 K_{IC} 的测定

GB/T 4161—2007 中推荐了测定金属材料 K_{IC} 的三点弯曲试样和紧凑拉伸试样（见图 4-15），标准中也示出了圆形紧凑拉伸试样和"C 型"拉伸试样。规程中规定了试样制备、疲劳裂纹的预制、试验装置、试验方法和试验数据的处理。

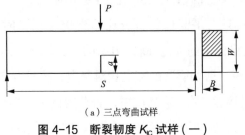

（a）三点弯曲试样

图 4-15　断裂韧度 K_{IC} 试样（一）

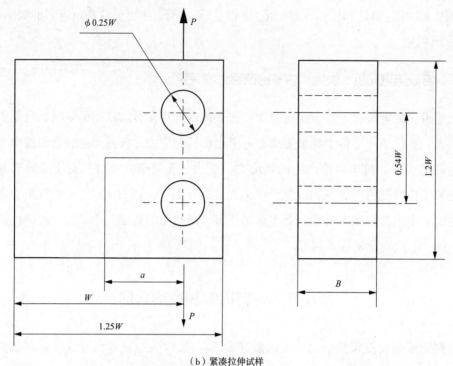

（b）紧凑拉伸试样

图 4-15 断裂韧度 K_{IC} 试样（二）

大量试验与分析表明：金属材料的 K_{IC} 与试样厚度 B、裂纹长度 a 和韧带宽度（$W-a$）有关，只有试样尺寸满足平面应变和小范围屈服条件，即满足式（4–39），才能获得稳定的 K_{IC}，即有效 K_{IC}。

$$
\left.
\begin{aligned}
B &\geqslant 2.5(K_{IC}/\sigma_y)^2 \\
a &\geqslant 2.5(K_{IC}/\sigma_y)^2 \\
(W-a)^2 &\geqslant 2.5(K_{IC}/\sigma_y)^2
\end{aligned}
\right\}
\tag{4-39}
$$

1. 试样厚度要求

图 4–16 示出了 K_{IC} 与试样厚度 B 的关系[8]，由图 4–16 可见：同一材料的 K_C 值随厚度而变化，当厚度大于某一值后，K_C 值不随厚度变化，这种条件下的 K_C 值为材料的平面应变断裂韧度 K_{IC}。目前还不能从理论上确定满足平面应变的试样厚度，根据大量试验结果，在满足式（4–39）的条件下，可测得稳定的 K_{IC}。

由图 4–16 还可见：只有平断口的百分比达到 90% 以上时，即断口边缘的"剪切唇"占比很小，才能获得稳定的 K_{IC}。断口边缘的"剪切唇"的宽度反映了平面应力层的厚度，对同一材料来说"剪切唇"的宽度相对稳定，故只有增加试样厚度，才能保证整个试样处于平面应变状态。在 K_{IC} 测试中，若获得的 K_Q 试样厚度不满足式（4–39），但试样断口基本为平断口，也可近似视为有效 K_{IC}。试样断口形貌见图 4–17。

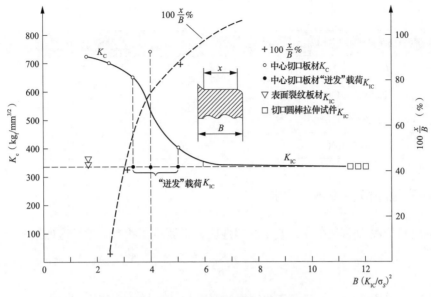

图 4-16　K_{IC} 与试样厚度 B 的关系

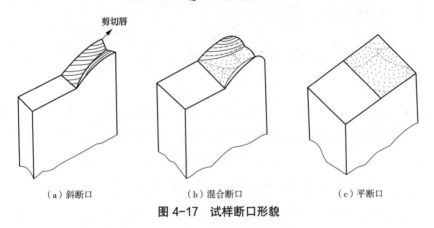

（a）斜断口　　　　　（b）混合断口　　　　　（c）平断口

图 4-17　试样断口形貌

GB/T 21143—2014《金属材料准静态断裂韧度统一试验方法》中给出了不同屈服强度、弹性模量材料 K_{IC} 测试推荐的最小试样厚度（见表 4-2）。

表 4-2　　　　　　　　　　　K_{IC} 测试推荐的最小试样厚度

屈服强度 / 弹性模量（MPa/MPa）	厚度（mm）
0.0050 ～ 0.0057	75
0.0057 ～ 0.0062	63
0.0062 ～ 0.0065	50
0.0065 ～ 0.0068	44
0.0068 ～ 0.0071	38
0.0071 ～ 0.0075	32

屈服强度 / 弹性模量（MPa/MPa）	厚度（mm）
0.0075 ～ 0.0080	25
0.0080 ～ 0.0085	20
0.0085 ～ 0.0100	13
≥ 0.0100	7

2. 小范围屈服对裂纹长度要求

金属材料裂纹尖端存在或大或小的塑性区，平面应变状态下塑性区的半径 r_y 为

$$r_y \geqslant \frac{1}{4\sqrt{2}\,\pi}\left(\frac{K_{IC}}{\sigma_y}\right)^2 \qquad (4\text{-}40)$$

对试验中采用的标准的三点弯曲试样和紧凑拉伸试样，为使测试的 K_{IC} 偏差 ≤ 10%，需 r_y/a ≤ 0.02，故 GB/T 4161 中要求

$$a \geqslant 50r_y \approx 2.5\left(\frac{K_{IC}}{\sigma_y}\right)^2 \qquad (4\text{-}41)$$

3. 韧带宽度要求

韧带宽度（$W\text{-}a$）对 K_{IC} 的测试偏差也有大的影响，若韧带宽度过小，即裂纹尺寸太长，试样背表面对裂纹尖端的塑性变形将失去约束，以致在加载过程中整个韧带屈服，不满足小范围屈服条件。因此，GB/T 4161 中要求韧带宽度（$W\text{-}a$）应满足式（4-39）。

表 4-3 列出了电厂常用钢的断裂韧度 K_{IC} 值，表 4-3 中有的同一种材料给出了不同的 K_{IC} 值，这是不同测试单位测试，有的是 20 世纪 70 年代的测试数值，在使用中供参考。表 4-4 列出了平面应变应力强度因子 K_{IC} 值的量纲换算。

二、COD 与 J_{IC} 测定

对强度较高、尺寸较大的汽轮机、发电机转子材料，通常进行平面应变断裂韧度 K_{IC} 测试；对强度较低的压力容器和管道等材料来说，由于其屈服强度较低，对试样的厚度要求很厚，加之试验机也要求大吨位，故对压力容器和管道用钢，通常进行弹塑性断裂韧度 δ_c 和 J_{IC} 的测定。

金属材料 δ_c 和 J_{IC} 的测定按照 GB/T 21143—2014《金属材料准静态断裂韧度统一试验方法》执行，GB/T 21143 与 ISO 12135—2002《金属材料准静态断裂韧度统一试验方法》基本相同。推荐的试样型式与测试 K_{IC} 试样相同，也是三点弯曲或紧凑拉伸试样，规程中规定了试样制备、疲劳裂纹的预制、试验装置、试验方法和试验数据的处理。

表 4-3　电厂常用钢的断裂韧度 K_{IC} 值

材料牌号	热处理状态	试验温度（℃）	屈服强度（MPa）	K_{IC}（MPa$\sqrt{m}$）	主要用途
16MnR	热轧	室温	274.4~313.6	138.4~155.9	压力容器
18MnMoNbR	退火+回火	室温	558.6	121.5~143.8	压力容器
12CrlMoV	540℃/8.8MPa运行10⁴h	室温	220.5~318.5	72.9~164.9	蒸汽管道
30Cr2MoV	940℃空冷700℃回火	室温	329.2~568.4	136.7~158.7	汽轮机高压转子
30Cr2MoV	940℃空冷700℃回火	室温	329.2~568.4	127.1~134.9	汽轮机高压转子
30Cr2MoV	940℃空冷700℃回火	室温	548.8	130.2~155.0	汽轮机高压转子
30Cr2MoV	运行61000h退役转子，940~950℃鼓风冷却，680~700℃回火	450	417	159.1	汽轮机高压转子
		500	373	153.9	
		550	347	145.8	
30Cr1Mo1V	955℃风冷，680℃回火，645℃去应力	室温	627	55.1（底部） 83.4（顶部）	汽轮机高压转子
30Cr1Mo1V	服役16年，950℃风冷，675℃回火，635℃去应力	室温	641.0 640.0 632.0 608.0	55.0（原材料） 57.5（高应力段） 58.4（中应力段） 60.4（高温段）	汽轮机高压转子
17CrMolV		室温	490~539.0	43.4~50.2	汽轮机焊接转子
35CrNi2MoV		室温	637.0~686.0	106.3	汽轮机低压转子
34CrMolA	850℃油淬、620℃回火	室温	646.8	87.4~93.9	汽轮机低压转子

续表

材料牌号	热处理状态	试验温度（℃）	屈服强度（MPa）	K_{IC}（MPa$\sqrt{m}$）	主要用途
34CrMo1A	850℃淬火、500℃回火	室温	490.0～548.8	75.6～98.6	汽轮机低压转子
34CrNi3Mo	850℃淬火、500℃回火	室温	872.2～911.4	102.0～140.7	发电机转子
34CrNi3Mo	850℃淬火、500℃回火	室温	617.4～686.0	116.6～151.0	发电机转子
34CrNi3Mo	850℃淬火、500℃回火	室温	539.0	102.0～133.9	发电机转子
34CrNi3Mo	850℃淬火、500℃回火	室温	686.0	132.1～160.0	发电机转子
14Cr10NiMoWVNbN	淬火、两回火（国外）	室温	768.0	193.0（芯部）*	汽轮机高中压转子
	淬火、两次回火（国产）	593	583	155.0*	
X12CrMoWVNbN10-1-1	淬火、两次回火（国外）	室温	762.0	66.1～90.5（轴身）*	汽轮机高中压转子
			775.0	187.0（轴向）* 132.6（切向）*	
13Cr9Mo1Co1NiVNbNB（FB2）	国外	室温	710.0	80.4	汽轮机高中压转子
		620	435.0	123.6*	
ZG 13Cr9Mo1Co1NiVNbNB（CB2）	国外	室温	560.0	110.0	铸钢
	国产		610.0	107.1	
	国外	620	331.5	197.3*	
	国产		332.0	179.2*	

* 由 J 积分换算。

表 4-4 K_{IC} 值的量纲换算

项目	kg/mm^{3/2}	ksi [（in）^{1/2}]	MPa（m）^{1/2}	N/mm^{3/2}
kg/mm^{3/2}	1.000	0.2822	0.3101	9.8
ksi（in）^{1/2}	3.543	1.000	1.099	
MPa（m）^{1/2}	3.225	0.9101	1.000	31.603

图 4-18 示出了试样厚度 B 对临界 COD 值的影响，由图 4-18 可见：厚度 2mm 试样的 δ_c 值明显高，厚度 10、17mm 试样的 δ_c 值基本一致，厚度 5mm 试样在裂纹扩展量 Δa 小于 0.3mm 时与厚度 10、17mm 试样相近，但 Δa 大于 0.3mm 后明显偏高，因此，测定 δ_c 和 J_{IC} 的试样厚度宜大于 10mm。

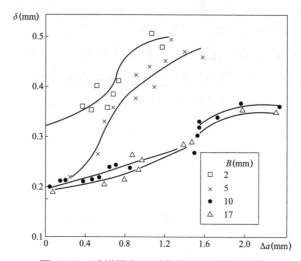

图 4-18　试样厚度 B 对临界 COD 值的影响

金属材料的 δ（COD）的测定通过加载过程中的裂纹嘴张开位移和载荷来获得，理论上讲，裂纹启裂时的张开位移为临界 COD，即 δ_c，但在试验中要严格确定裂纹的起裂点非常困难，加之对低强度材料来说，部件裂纹开始启裂，并不意味着部件即将断裂。故试验中规定了条件断裂韧度。J 的测定根据裂纹启裂时裂纹嘴张开位移与载荷曲线下面积即可计算出临界 J_{IC}。

GB/T 21143 中规定了采用 δ 或 J 与裂纹扩展量 Δa 阻力曲线法获取条件断裂韧度（见图 4-19）。例如 $\delta_{0.2BL}$ 为 $\Delta a=0.2$mm 钝化偏置线时对应的非尺寸敏感断裂抗力 δ，$J_{0.2BL}$ 为 $\Delta a=0.2$mm 钝化偏置线时对应的非尺寸敏感断裂抗力 J 值。

$\delta_{0.2BL}$、$J_{0.2BL}$ 与材料的条件屈服强度相似。图 4-19 中 a 是钝化线，b、c、d 表示三个区内应分布的最少试验数据点。

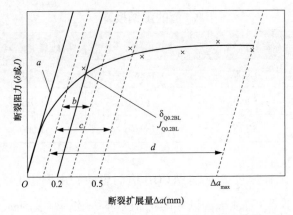

图 4-19 δ 或 J 与裂纹扩展量 Δa 阻力曲线

在试验点满足阻力曲线数据间隔的条件下，δ 或 J 阻力曲线方程为

$$\delta（或 J）=a+\beta\Delta a^{\gamma} \tag{4-42}$$

式中 a、β 和 γ——试验拟合数值，a 和 $\beta \geqslant 0$，$0 \leqslant \gamma \leqslant 1$。

对于启裂韧度 δ_i 和 J_i，即稳定裂纹开始扩展的 δ_i 和 J_i，GB/T 21143 推荐在扫描电子显微镜下观察试样断裂面上的伸张区宽度（SZW-Stretch Zone Width），在阻力曲线上与伸张区宽度相交的点即为对应的条件启裂韧度 δ_i 和 J_i（见图 4-20）。伸张区宽度需经有经验的扫描电子断口分析者在试样断裂面上测量。

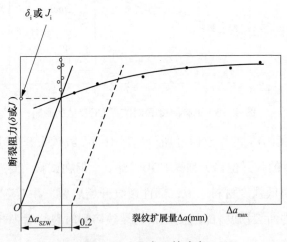

图 4-20 δ_i 或 J_i 的确定

工程中进行含缺陷部件的断裂力学评定，通常采用 $\delta_{0.2BL}$、$J_{0.2BL}$，即 δ_c、J_{IC} 即可。若采用启裂韧度 δ_i 和 J_i，则会给出更为安全的评定结果。表 4-5 列出了电站压力容器和管道常用钢的断裂韧度值，$\delta_{0.05}$（δ_c）是按 GB 2358《裂纹展开位移（COD）试验方法》测试的裂纹扩展起始点，相较于 GB/T 21143《金属材料准静态断裂韧度统一试验方法》中的 $\delta_{0.2BL}$ 数值较小。

表 4-5 电站压力容器和管道常用钢室温断裂韧度 $\delta_{0.05}$（δ_c）值

钢号	板厚（mm）	材料状态	屈服强度（MPa）	$\delta_{0.05}$（δ_c）（mm）	$\delta_{0.05}$（δ_c）平均值（mm）
20g	16	热轧	313.6	0.114～0.147	0.126
20 钢管	13.5	热轧	274.4	0.207～0.226	0.216
22K（自动焊焊接接头）	90	焊后退火	254.9	0.268～0.280（WC） 0.20～0.21（FL）	0.270 0.205
			249.9	0.18～0.20（M）	0.19
16MnR	60	热轧	294.0	0.176～0.187	0.182
16MnR（电渣焊缝）	38		311.6	0.117～0.158（WC） 0.165～0.20（HAZ）	0.137 0.182
15MnVR	20	热轧	401.8	0.076～0.089	0.081
15MnVN	20	调质	553.7	0.080～0.088	0.084
18MnMoNbR（批1）	50	退火+回火	558.6	0.101～0.131	0.118
18MnMoNbR（批2）	50	退火+回火	455.7	0.120～0.130	0.125
18MnMoNbR（自动焊焊接接头）	60	焊后650℃回火	441.0（母材）	0.131～0.137（M） 0.059～0.062（WC） 0.087～0.113（HAZ）	0.134 0.060 0.10
18MnMoNbR（电渣焊焊接接头）	90	正火+回火，调质		0.032～0.107（WC） 0.038～0.058（WC）	0.07 0.048
14MnMoNbB	1 6		859.5	0.058～0.074	0.064
14CrMnMoVB		调质	741.9	0.10～0.11	0.10
20CrNi3MoV		调质	774.2	0.091～0.12	0.10
1Cr13		调质	637.0	0.091～0.103	0.098
19Mn5	65	热轧	345.5	0.193～0.326	0.250
19Mn5（电渣焊缝）	90	正火+回火	326.0	0.124（WC） 0.115（FL）	0.124 0.115
BHW35	90	正火+回火	529.2	0.196～0.296	0.243
	110		541.5	0.122～0.155	0.142
BHW35（电渣焊缝）	110		443.5	0.120（WC）	0.120
12CrlMoV	50	喷水调质	416.0	0.186	0.186
P91 管道焊缝	28.6	焊后回火	492.0	0.186（WC）	0.186

钢号	板厚（mm）	材料状态	屈服强度（MPa）	$\delta_{0.05}$（δ_c）（mm）	$\delta_{0.05}$（δ_c）平均值（mm）
P92 管道焊缝	85	焊后回火		$280.3\text{kJ/m}^2 \rightarrow 228.4\text{MPa}\sqrt{\text{m}}$（240℃）	
	85	焊后回火		$175.2\text{kJ/m}^2 \rightarrow 170.0\text{MPa}\sqrt{\text{m}}$（450℃）	
	85	焊后回火		$228.4\text{MPa}\sqrt{\text{m}}$（610℃）	

注　M—母材；FL—焊缝熔合线；WC—焊缝中心；HAZ—热影响区。P92 管道焊缝的断裂韧度是 J_{IC}，J_{IC} 后的数值为换算的 K_{IC}。

三、影响断裂韧度的因素

通常随着材料屈服强度的升高，晶粒尺寸的增大，断裂韧度降低；非金属夹杂物，特别是脆性夹杂物（氧化物、氮化物）会导致断裂韧度降低。从微观组织来说，对同一种材料，回火马氏体的断裂韧度最高、贝氏体次之、铁素体 – 珠光体最低。在一定温度范围内，断裂韧度随温度的上升而增大，但当温度进一步升高时，断裂韧度反而降低。

断裂韧度与加载速率有关，加载速率高，断裂韧度低，在某一速率下，断裂韧度达到最低值，称为动态断裂韧性 K_{Id}，用以衡量构件材料承受冲击载荷时抗断裂能力。

试样中的残余应力对断裂韧度有大的影响。例如，焊接试样、转子、形状复杂的大型铸钢件等，这些部件在制作过程中不可能完全释放应力。从有残余应力的部件上截取试样，尽管在截取过程中可能释放部分应力或导致残余应力重新分配，但仍然可能对试验结果产生大的影响。残余应力的存在可引起试样机械加工中的变形，与外加载荷的叠加可能导致预制疲劳裂纹过程中产生不规则裂纹扩展（例如裂纹前缘过度弯曲或偏离扩展平面），并可能影响随后的断裂韧度测定。

四、断裂韧度与冲击吸收能量的关系

国内外对断裂韧度 K_{IC} 与冲击吸收能量 A_{KV}（CVN）进行了大量试验研究，图 4-21 示出了一些钢的 K_{IC} 与 CVN 关系[9]。图 4-21 中的 CVN 是材料韧脆形貌转变温度曲线的上平台冲击吸收能量，K_{IC} 是对应上平台 CVN 的断裂韧度。图 4-22 示出了材料的韧脆形貌转变温度曲线，上平台温度对应 100% 韧性断裂面，下平台温度对应 100% 脆性断裂面。根据图 4-22 所示，只要测定了材料的上平台 CVN，就可依据式（4-43）获得上平台 CVN 对应的 K_{IC}。火电机组管道压力容器多在高温下运行，材料试验的上平台温度往往远低于部件的运行温度，因此，由上平台 CVN 计算的 K_{IC} 在部件缺陷安全性评定中有足够的安全裕度。

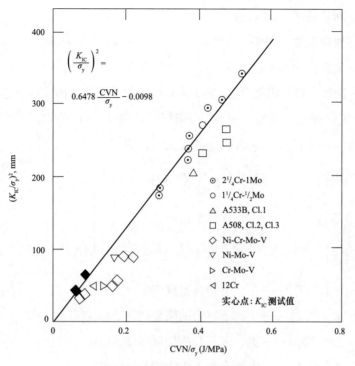

图 4-21　K_{IC} 与 CVN 的关系

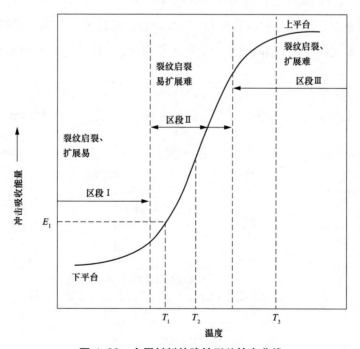

图 4-22　金属材料的脆性形貌转变曲线

$$\left(\frac{K_{\text{IC}}}{\sigma_{\text{y}}}\right) = 0.6478\left(\frac{\text{CVN}}{\sigma_{\text{y}}} - 0.0098\right) \qquad (4\text{-}43)$$

式中 K_{IC} ——断裂韧度，$MPa\sqrt{m}$；

σ_y ——屈服强度，MPa；

CVN ——上平台冲击吸收能量，J。

文献［9］论述了汽轮机低合金 Cr-Mo-V 转子钢平面应变断裂韧度性与冲击韧度的关系。韧脆形貌转变温度曲线上平台、下平台和过渡区对应的 K_{IC} 与 CVN 的关系见式（4-44），式（4-44）称之为 Bogley–Logsdon 关系，即

$$\left.\begin{array}{ll}\text{上平台} \quad & \left(\dfrac{K_{IC}(T_u)}{\sigma_{yu}}\right)^2 = \dfrac{5}{\sigma_{yu}}\left(\text{CVN} - \dfrac{\sigma_{yu}}{20}\right) \\[3mm] \text{下平台} \quad & K_{IC}(T_L) = 0.5\,\sigma_{yL} \\[3mm] \text{过渡区} \quad & K_{IC} = \dfrac{K_{IC}(T_u) + K_{IC}(T_L)}{2} \end{array}\right\} \qquad (4\text{-}44)$$

式中 T_U、T_L ——上、下平台温度；

K_{IC}（T_U）、K_{IC}（T_L）——上、下平台的断裂韧度，$ksi\sqrt{in}$；

σ_{yu}、σ_{yL} ——上、下平台的屈服强度，ksi；

CVN ——上平台冲击吸收能量，ft·lb。

（注：$1ksi\sqrt{in} = 1.1MPa\sqrt{m}$；$1ksi = 6.9MPa$；$1ft·lb = 1.36J$）。

获得了材料上、下平台和过渡区对应的 K_{IC} 后，连接 3 个点的曲线即为 K_{IC} 与温度关系曲线，图 4-23 示出了汽轮机 Cr-Mo-V 转子钢的 K_{IC} 与温度关系曲线。

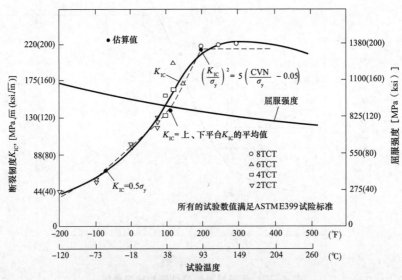

图 4-23 汽轮机转子钢 K_{IC} 与温度关系曲线

文献［10］对 30Cr1Mo1V 钢的 K_{IC} 与冲击吸收能量 A_{KV}（CVN）进行了试验研究，且将 Bogley-Logsdon 关系式中下平台改为 $K_{IC}(T_L) = 0.45\sigma_{yL}$，同时采用另一种形式的 Bogley–

Logsdon 关系，不同温度区段 K_{IC} 的公式见式（4-45），即

$$\left.\begin{array}{ll} K_{IC}=K_{IC}(T_L) & T \leqslant T_L \\[2mm] K_{IC}=\dfrac{K_{IC}(\text{FATT})-K_{IC}(T_L)}{\text{FATT}-T_L}(T-T_L)+K_{IC}(T_L) & T_L<T\leqslant\text{FATT} \\[3mm] K_{IC}=\dfrac{K_{IC}(T_u)-K_{IC}(\text{FATT})}{T_u-\text{FATT}}(T-\text{FATT})+K_{IC}(\text{FATT}) & \text{FATT}<T<T_u \\[3mm] K_{IC}=K_{IC}(T_u) & T \geqslant T_u \end{array}\right\} \qquad (4-45)$$

式中 T_U、T_L、$K_{IC}(T_U)$、$K_{IC}(T_L)$ 的意义与式（4-44）相同，FATT 是韧脆形貌转变温度。

试料取自日本制钢所（JSW-Japan Steel Works，Ltd.）生产的 30Cr1Mo1V 钢制转子的发电机端，转子的室温屈服强度为 633MPa、抗拉强度为 785MPa、延伸率为 22.5%、面缩率为 61.8%，韧脆形貌转变温度曲线见图 4-24。由图 4-24 可见，T_U=137℃、T_L=-29℃、FATT=59℃。利用试验数值获得图 4-25，图 4-25 中纵坐标为某温度下的屈服强度与室温屈服强度之比（σ_{yT}/σ_y），由图 4-25 插值求得 T_U、T_L 对应的（σ_{yT}/σ_y）为 0.943 和 1.04，由此 σ_{yU} 和 σ_{yL} 分别为 597MPa 和 658MPa。

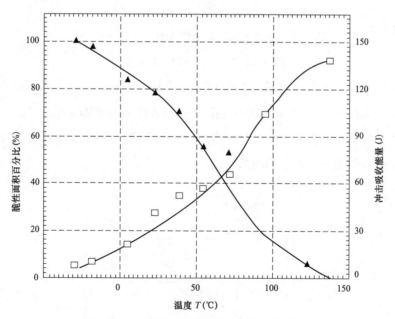

图 4-24 转子钢的韧脆形貌转变温度曲线

鉴于式（4-44）、式（4-45）中的量纲为英制单位，故需将试验中获得的数值换算为英制单位，再代入式（4-45）中，计算获得的转子材料有关数据见表 4-6。

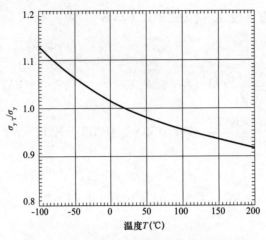

图 4-25 转子钢的屈服强度与温度关系曲线

表 4-6   计算获得的转子材料有关数据

T_u(℃)	T_L(℃)	FATT(℃)	A_{KV}(ft·lb)	σ_{yu}(ksi)	σ_{yL}(ksi)
137	−29	59	102	86.6	95.4

根据式（4-45）可以求出

$$K_{IC}(T_u) = 206\text{ksi}\sqrt{\text{in}} = 226\text{MPa}\sqrt{\text{m}}$$

$$K_{IC}(T_L) = 43.0\text{ksi}\sqrt{\text{in}} = 47.3\text{MPa}\sqrt{\text{m}}$$

$$K_{IC}(\text{FATT}) = 124\text{ksi}\sqrt{\text{in}} = 137\text{MPa}\sqrt{\text{m}}$$

根据文献［11］对求出的 K_{IC} 值乘以 0.8，于是，由式（4-45）求出的 K_{IC} 值为 K_{IC}（T_u）=181MPa $\sqrt{\text{m}}$，K_{IC}（T_L）=37.8MPa $\sqrt{\text{m}}$，K_{IC}（FATT）=109MPa $\sqrt{\text{m}}$。

根据式（4-45）计算的 30Cr1Mo1V 钢的 K_{IC} 与温度 T 的关系曲线见图 4-26。由图 4-26 可见，计算数值与试验结果相当接近。

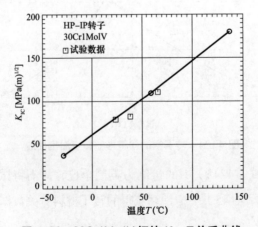

图 4-26 30Cr1Mo1V 钢的 K_{IC}-T 关系曲线

表 4–7 示出了 30Cr1Mo1V 钢的 K_{IC} 的试验值与拟合值比较。由表 4–7 可见，拟合数值与试验结果相当接近。室温（24℃）下测试断裂韧度的试样为紧凑拉伸（CT）试样，试样厚度 B=50.8mm，室温以上（38℃、66℃）试样厚度 B=76.2mm。

表 4–7　　　　　　30Cr1Mo1V 钢的 K_{IC} 试验值与拟合值

温度 T（℃）		24	38	66
K_{IC}（MPa$\sqrt{\text{m}}$）	试验值	79.4　78.5	82.5	110.6
	拟合值	80.8	92.2	116.0

冲击试验简单方便，试样尺寸小。用 V 形缺口冲击吸收能量 A_{KV}（CVN）换算 K_{IC} 这一方法已为美国西屋公司和通用公司采用。美国核管理委员会《标准审查大纲》中有关核电站汽轮机的 10.2.3 规定，在用断裂力学方法评定核电汽轮机时，可用 Begley-Logsdon 关系式获得转子材料的断裂韧度。

第六节　疲劳裂纹扩展与裂纹扩展寿命估算

当裂纹尺寸 a 小于临界裂纹尺寸 a_c 时，部件在正常服役条件下裂纹不会发生失稳扩展。对于承受循环载荷的部件，需计算疲劳裂纹扩展寿命。通常用 da/dN 表示疲劳裂纹扩展速率，表征载荷循环一次的裂纹扩展量。

一、da/dN–ΔK 关系

疲劳裂纹扩展速率 da/dN 主要与循环应力强度因子范围 ΔK（应力强度因子变动幅度）相关。图 4–27 示出了 da/dN–ΔK 关系，由图 4–27 可见，da/dN–ΔK 曲线可划分为疲劳裂纹萌生（第 I 阶段）、裂纹稳定扩展（第 II 阶段）和裂纹快速扩展（第 III 阶段）三个阶段：当 ΔK 低于 ΔK_{th} 时，裂纹扩展速率非常缓慢，近乎不扩展（第 I 阶段），故 ΔK_{th} 称之为疲劳裂纹扩展门槛值（Fatigue Threshold）。

断裂力学主要研究疲劳裂纹的稳定扩展（第 II 阶段），第 II 阶段疲劳裂纹扩展速度 da/dN 可用 Paris 公式（4–46）表示，即

$$da/dN = K(\Delta K)^m \tag{4–46}$$

式中　　ΔK ——循环应力强度因子；

　　K、m ——试验获得的系数和指数。

$$\Delta K = K_{max} - K_{min} = \Delta\sigma \cdot Y(a/W)\sqrt{\pi a} \tag{4–47}$$

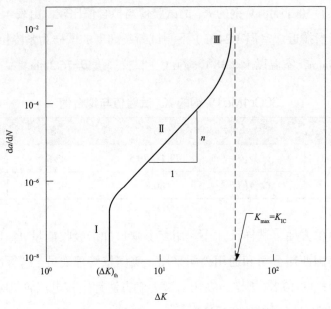

图 4-27　疲劳裂纹扩展的 da/dN-ΔK 关系

式中　K_{max} 和 K_{min} ——最大、最小载荷下的应力强度因子；

　　　　$\Delta\sigma$ ——循环应力幅度；

　　　　$Y(a/W)$ ——与试样型式、尺寸相关的几何因子；

　　　　a ——裂纹长度。

二、疲劳裂纹扩展速率 da/dN 的测定

GB/T 6398—2017《金属材料疲劳试验　疲劳裂纹扩展方法》规定了疲劳裂纹扩展速率测定的试样型式及尺寸、试验装置、试验方法、数据处理，该标准参考了国际标准化组织的 ISO 12108—2012《金属材料疲劳试验　疲劳裂纹扩展方法》（Metallic materials – Fatigue testing fatigue crack growth method），相应的还有 ASTM E647《疲劳裂纹扩展速率测定方法》（Standard Test Method Measurement of Fatigue Crack Growth Rates）。上述标准适用 I 型裂纹在固定的应力比 R（$R=\sigma_{min}/\sigma_{max}$）下疲劳裂纹扩展速率的测定，标准中 ΔK_{th} 定义为裂纹扩展速率等于 10^{-7}mm/ 周对应的 ΔK，同时规定了 ΔK_{th} 的测定方法。

三、疲劳裂纹扩展速率 da/dN 的影响因素

对确定的材料，除了 ΔK 之外，应力比 R、加载频率、加载波形、材料的断裂韧度、组织状态、部件中的残余应力和环境会影响疲劳裂纹扩展速率 da/dN，其中应力比 R 影响较大。

1. 应力比 R 的影响

图 4-28 示出了应力比 R 对 da/dN 的影响，由图 4-28 可见：随着 R 的增大，疲劳裂纹扩展速率 da/dN 增大，疲劳裂纹扩展门槛值 ΔK_{th} 明显降低，即高的应力比促进了裂纹的早期扩展。应力比 R 对 ΔK_{th} 的影响主要与裂纹扩展过程中的闭合效应有关。裂纹在扩展过程中不总是处于张开状态，裂尖附近的裂纹面有可能接触，发生局部闭合。引起裂纹闭合的因素有裂纹尖端塑性变形引起裂纹尾迹闭合，裂纹表面形貌的不匹配引发的闭合（见图 4-29），腐蚀产物引发及促进闭合。

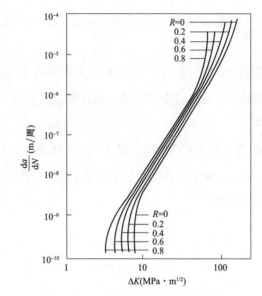

图 4-28　应力比 R 对 da/dN 的影响

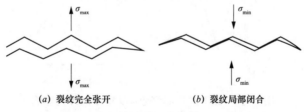

图 4-29　裂纹表面形貌的不匹配引发的闭合

裂纹尖端的闭合效应可合理解释应力比 R 对 ΔK_{th} 的影响。当 ΔK 较小时，尤其接近门槛值时，疲劳裂纹易发生闭合。R 值越小，闭合程度越严重；R 值越大，闭合程度较小或甚至不发生闭合，裂纹易启裂，这样将使 R 值大者的 ΔK_{th} 较低，而 R 值较小者在闭合期间裂纹不扩展或扩展极为缓慢，所以显示出较高的 ΔK_{th}。当进入疲劳裂纹扩展第 II 阶段时，由于裂纹闭合效应逐渐减弱，直至不发生闭合，故 R 值对第 II 阶段的扩展速率影响较小。

应力比 R 对 ΔK_{th} 的影响可由式（4-48）描述，式中的 ΔK_{th0} 为脉动载荷下（$R=0$）的疲劳裂纹扩展门槛值，则

$$\Delta K_{th}=\Delta K_{th0}\left(\frac{1-R}{1+R}\right)^{1/2} \tag{4-48}$$

1967 年 Forman 考虑了应力比 R 和材料断裂韧度 K_C 对 da/dN 的影响，提出了修正的 Paris 公式（4-49），即

$$da/dN=\frac{K(\Delta K)^{m}}{K_{c}(1-R)-\Delta K} \tag{4-49}$$

由式（4-49）可见，随着应力比 R 的升高，da/dN 增大；材料断裂韧度 K_C 增大，da/dN 降低。

残余应力与外加载荷的叠加会改变应力比 R 的大小，残余压应力会降低应力比 R，使裂纹扩展速率降低，ΔK_{th} 提高；残余拉应力会增加裂纹扩展速率，ΔK_{th} 降低。

2. 加载频率的影响

图 4-30 示出了加载频率对 30Cr2WMoV 钢 da/dN 的影响。由图 4-30 可见：在裂纹起始扩展或低速率扩展阶段，频率对 da/dN 几乎没有影响；当裂纹扩展速率较高时，低的加载频率会加速疲劳裂纹扩展。

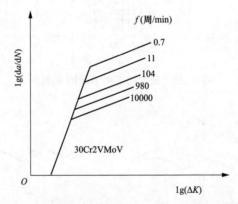

图 4-30　频率对 30Cr2WMoV 钢 da/dN 的影响

3. 焊缝材料的影响

图 4-31 示出了 19Mn5 钢母材与焊缝材料室温、空气中 da/dN 的比较。由图 4-31 可见：焊缝熔合区的 da/dN 高于母材。在 32℃、盐雾腐蚀环境下母材与焊缝的 da/dN 也有相同的规律。Radon 用类似 19Mn5 钢的 BS4360-50D 钢及焊缝热影响区材料进行的表面裂纹扩展研究也表明，焊缝热影响区的 da/dN 高于母材[12]。焊缝熔合区 da/dN 高于母材，这主要是由于焊缝熔合区易产生微裂纹、气孔、夹渣等焊接缺陷且晶粒粗大，故易于开裂。

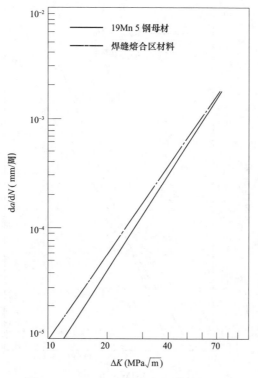

图 4-31　19Mn5 钢母材与焊缝的 da/dN

4. 腐蚀环境的影响

若在室温无腐蚀环境下，加载频率、加载波形（正弦波、三角波、方形波、梯形波）对钢的 da/dN 影响较小，但在腐蚀环境下，加载频率、加载波形对钢的 da/dN 影响会显著增大。文献［13］对 19Mn5 钢及其焊缝材料进行了腐蚀疲劳裂纹扩展试验研究，图 4-32 示出了 19Mn5 钢室温环境与 32℃、盐雾腐蚀环境下 da/dN-ΔK 曲线的比较。由图 4-32 可见：当 ΔK 较低时，盐雾环境下由于介质在裂纹尖端的堵塞易引起裂纹闭合，使 da/dN 减慢；当 ΔK 较高时，介质在裂纹尖端的堵塞引起的裂纹闭合效应大大减弱，da/dN 增大。Radon 用类似 19Mn5 钢的 BS4360-50D 钢及焊缝热影响区材料在含 3.5%NaCl 介质和室温、空气中的 da/dN 试验结果也有相同的规律［12］，在应力比 $R=0.08$，当 $\Delta K \leqslant 18\mathrm{MPa}\sqrt{\mathrm{m}}$ 时，盐雾中的 da/dN 低于室温、空气中的 da/dN；当 $\Delta K > 18\mathrm{MPa}\sqrt{\mathrm{m}}$ 时；盐雾中的 da/dN 高于室温、空气中的 da/dN。

5. 过载峰值的影响

图 4-33 示出了过载峰值对 2024-T3 铝合金疲劳裂纹扩展速率的影响，由图 4-33 可见：在恒幅载荷疲劳裂纹扩展试验中，较大的偶尔过载会增大疲劳裂纹的扩展，适当的过载峰值会减缓裂纹的扩展或停滞一段时间，发生裂纹过载停滞现象，延长疲劳裂纹扩展寿命。

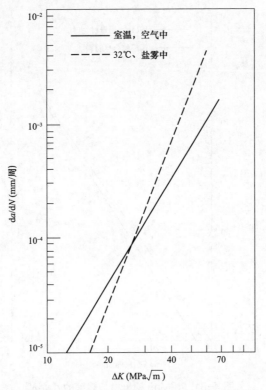

图 4-32　19Mn5 钢两种环境中 da/dN–ΔK 关系

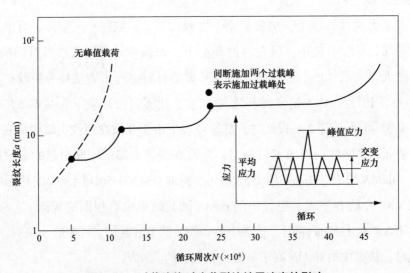

图 4-33　过载峰值对疲劳裂纹扩展速率的影响

6. 钢的微观组织影响

图 4-34 示出了不同类钢的 da/dN–ΔK 曲线，由图 4-34 可见：不同类钢的 da/dN 略有差异，相对来看，奥氏体钢的 da/dN 最大，马氏体钢次之，铁素体 – 珠光体的 da/dN 最小。

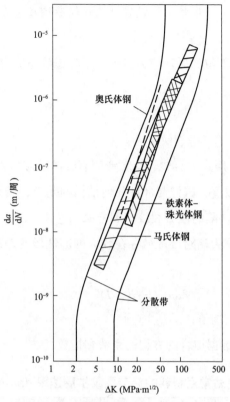

图 4-34　不同类钢的 da/dN-ΔK 曲线

铁素体-光体钢	$\dfrac{\mathrm{d}a}{\mathrm{d}N} = 6.9 \times 10^{-12} \Delta K^{3.0}$
奥氏体钢	$\dfrac{\mathrm{d}a}{\mathrm{d}N} = 5.6 \times 10^{-12} \Delta K^{3.25}$
马氏体钢	$\dfrac{\mathrm{d}a}{\mathrm{d}N} = 1.35 \times 10^{-10} \Delta K^{2.25}$

（4-50）

四、部件疲劳裂纹扩展寿命的估算

根据式（4-51）可估算部件的疲劳裂纹扩展寿命（疲劳循环周次 N_f）

$$N_\mathrm{f} = \int_{a_0}^{a_\mathrm{c}} \frac{1}{K(\Delta K)^m}\, \mathrm{d}a \qquad (4\text{-}51)$$

式中　a_0——裂纹初始长度；

　　　a_c——按断裂韧度计算的临界裂纹尺寸。

对式（4-51）积分化简后，可得

$$N_\mathrm{f} = \frac{a_0(a_\mathrm{c}-a_0)}{K(\Delta K)^m a_\mathrm{c}} \qquad (4\text{-}52)$$

部件缺陷部位的应力强度范围 ΔK 可根据式（4-53）确定，即

$$\Delta K = K_{\max} - K_{\min} = Y \Delta \sigma \sqrt{\pi a} \qquad (4\text{-}53)$$

式中 Y ——与裂纹尺寸、形状、裂纹处结构几何参数及边界条件有关的形状修正系数；

$\Delta\sigma$ ——部件缺陷部位的循环应力范围，不考虑静态应力，如残余应力、离心应力等；

a ——裂纹长度。

当 $\Delta K < \Delta K_{th}$ 时，不考虑裂纹扩展；

当 $\Delta K \geqslant \Delta K_{th}$ 时，用式（4-52）计算疲劳裂纹扩展寿命 N_f（周次）。

考虑试验数据的分散度，试样与部件几何结构的差异，偏于安全考虑，对计算的 N_f 取 20 倍安全系数，即为缺陷的疲劳裂纹扩展寿命。

对中低强度钢，裂纹尖端附近区域存在较大的塑性形变，这时可用式（4-54）描述裂纹扩展，即

$$da/dN = H(\Delta J)^p \tag{4-54}$$

式中 ΔJ ——J 积分范围值；

H、p ——由试验数据拟合的方程的系数和指数。

表 4-8　　　　　　　电站常用材料的疲劳裂纹扩展速率 da/dN

钢号	热处理制度	试验条件	da/dN（mm/周）	ΔK_{th}（MPa$\sqrt{m}$）
22K	焊缝材料	室温 R=0 室温水中	$1.13 \times 10^{-12}(\Delta K)^{5.25}$ $4.2 \times 10^{-12}(\Delta K)^{5.25}$（上限） $6.3 \times 10^{-11}(\Delta K)^{5.25}$	
16MnR，20g		室温 f=1.3～2.5 周/min	$4.2 \times 10^{-9}(\Delta K)^{3.15}$	
19Mn5	920℃正火 620℃回火 （母材、焊缝、熔合线）	f=12Hz， ΔK=19～57 f=12Hz， ΔK=19～57	$1.55 \times 10^{-8}(\Delta K)^{3.41}$（20℃） $2.13 \times 10^{-9}(\Delta K)^{3.24}$ （320℃）	
BHW35	920℃正火， 630回火	室温	$1.92 \times 10^{-9}(\Delta K)^{2.6}$	
18MnMoNb	正火调质	室温。筒体八字裂纹， R=0，内压疲劳试验	$5.44 \times 10^{-9}(\Delta K)^{3.0}$ $1.36 \times 10^{-8}(\Delta K)^{2.7}$	
17CrMo1V	母材 焊缝中心 边缝中心	室温 f=38～220Hz， R=0	$1.18 \times 10^{-8}(\Delta K)^{2.58}$ $2.36 \times 10^{-8}(\Delta K)^{3.15}$ $2.67 \times 10^{-8}(\Delta K)^{3.26}$	

钢号	热处理制度	试验条件	da/dN（mm/周）	ΔK_{th}（MPa$\sqrt{m}$）
34CrMolA	860℃淬油，650℃回火	室温 $\Delta K=12\sim31$	$5.67\times10^{-9}(\Delta K)^{2.97}$	
34CrNi3Mo	860℃加热，780℃预冷、淬油，650℃回火	室温 $\Delta K=25\sim62$	$2.2\times10^{-8}(\Delta K)^{2.4}$	
25Cr2Ni4MoV	840℃喷水，600℃回火	室温	$1.65\times10^{-9}(\Delta K)^{3.26}$	6.51
30Cr2MoV	940℃空冷，680℃炉冷	室温 f=60Hz，$\Delta K\geqslant12$ f=0.01Hz，$\Delta K\geqslant27$	$1.76\times10^{-8}(\Delta K)^{2.44}$ $1.89\times10^{-7}(\Delta K)^{2.08}$	
30Cr1Mo1V	955℃风冷，680℃回火，645℃去应力	室温 f=60Hz，R=0.1	$4.2\times10^{-12}(\Delta K)^{2.98}$	
30Cr1Mo1V	服役16年，950℃风冷，675℃回火，635℃去应力	室温 f=20Hz，R=0.1	$2.33\times10^{-8}(\Delta K)^{3.02}$（高应力段） $2.11\times10^{-8}(\Delta K)^{2.92}$（中应力段） $2.89\times10^{-8}(\Delta K)^{3.13}$（高温段）	
		538℃ f=8Hz，R=0.1	$4.72\times10^{-8}(\Delta K)^{2.81}$（高应力段） $4.72\times10^{-8}(\Delta K)^{2.79}$（中应力段） $5.18\times10^{-8}(\Delta K)^{2.81}$（高温段）	
30Cr1Mo1V	转子本体	f=30Hz，R=0.1$\sim$0.6	$1.98\times10^{-8}(\Delta K)^{2.67}$（室温） $3.78\times10^{-8}(\Delta K)^{2.67}$（480℃） $4.01\times10^{-8}(\Delta K)^{2.70}$（510℃） $5.34\times10^{-8}(\Delta K)^{2.612}$（538℃）	
X12CrMoWVNbN10-1-1	淬火，两次回火（国外）	室温	$5.716\times10^{-9}(\Delta K)^{2.956}$（轴向） $6.614\times10^{-9}(\Delta K)^{2.913}$（切向）	

钢号	热处理制度	试验条件	da/dN（mm/ 周）	ΔK_{th}（MPa $\sqrt{m}$）
13Cr9Mo1Co1NiVNbNB（FB2）	国外	$f=1Hz$，$R=0.1$	1.12×10^{-8}（ΔK）$^{2.761}$（室温） 4.29×10^{-9}（ΔK）$^{3.313}$（620℃）	2.2（室温） 2.6（620℃）
10Cr9Mo1VNbN（P91）	母材	$f=15Hz$，$R=0.1$	8.29×10^{-12}（ΔK）$^{2.800}$（室温） 3.36×10^{-11}（ΔK）$^{2.627}$（500℃） 1.25×10^{-10}（ΔK）$^{2.281}$（575℃）	
	焊缝	$f=15Hz$，$R=0.1$	2.46×10^{-11}（ΔK）$^{2.496}$（室温） 1.14×10^{-11}（ΔK）$^{3.054}$（500℃） 3.13×10^{-10}（ΔK）$^{2.102}$（575℃）	
10Cr9MoW2VNbBN（P92）	焊缝	$f=5Hz$，$R=0.1$	6.61×10^{-9}（ΔK）$^{2.844}$（室温） 2.01×10^{-7}（ΔK）$^{2.234}$（600℃）	
ZG20CrMoV		$R=1/3$	1.03×10^{-12}（ΔK）$^{5.34}$	7.6

注 1. 表中 ΔK 的单位为 MPa $\sqrt{m}$；

2. R—应力比（$R = \sigma_{min}/\sigma_{max}$）；

3. f— 频率。

第七节　蠕变裂纹扩展与裂纹扩展寿命估算

在蠕变条件下由于热激活和应力的作用而引起裂纹扩展，如果裂纹尖端附近较小的区域发生蠕变［见图 4-35（a）］，而部件的其他部位，由于承受较低的平均应力，近乎处于弹性状态，则蠕变裂纹扩展速度 da/dt 主要与裂纹尖端的应力强度因子 K 相关，例如一些高强度镍基合金，此时可借鉴疲劳载荷下的裂纹扩展速率的描述，用式（4-55）描述低应力下的蠕变裂纹扩展速率 da/dt，即

$$da/dt = C' K^{q'} \tag{4-55}$$

式中　C'、q'——试验获得的系数与指数。

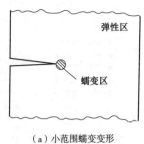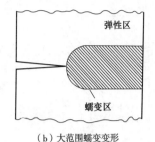

（a）小范围蠕变变形	（b）大范围蠕变变形

图 4-35　蠕纹尖端蠕变变形

图 4-36 示出了 Inconel 718、Inconel 738 合金的蠕变裂纹扩展速率 $\mathrm{d}a/\mathrm{d}t$ 与应力强度因子 K 的关系曲线。

对稳态蠕变（大范围蠕变）下的裂纹扩展［见图 4-35（b）］，通常采用 C^* 修正的 J 积分来描述蠕变裂纹扩展。与 J 积分概念相同，C^* 也是与路径无关的积分参数，定义为

$$C^* = \int_\Gamma W^* \mathrm{d}y - T_i \frac{\partial \dot{u}_i}{\partial x} \, \mathrm{d}s \qquad (4\text{-}56)$$

式中　　W^*——应变速率能量密度；

　　　x、y——平行、垂直于裂纹面的卡氏坐标；

　　　T_i——沿着路径 Γ 的应力矢量；Γ 是围绕裂纹尖端，始于裂纹下表面，逆时针回到裂纹上表面的任意路径；

　　　$\dot{u}_i$——位移变化率场；

　　　$\mathrm{d}s$——路径 Γ 上的长度单元。

$$W^* = \int_0^{\dot{\epsilon}_{ij}} \sigma_{ij} \mathrm{d}\dot{\epsilon}_{ij} \qquad (4\text{-}57)$$

式中　　σ_{ij}、$\dot{\epsilon}_{ij}$——应力、应变速率张量。

一、材料 C^* 值的试验测定

C^* 的定义是两个裂纹稍有差异，而其他条件完全相同的加载体的功率差的变化率，即

$$C^* = -\frac{1}{B} \frac{\mathrm{d}U^*}{\mathrm{d}a} \qquad (4\text{-}58)$$

式中　　U^*——载荷－施力点位移速度定义的能量率（即载荷－施力点位移速度曲线下的面积）；

　　　B——试样厚度。

式（4-58）是试验测定 C^* 的基础，如图 4-37 所示。

火电机组金属部件寿命评估与安全性评定

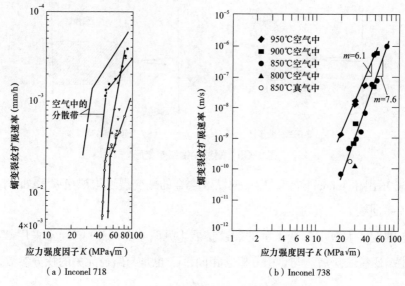

（a）Inconel 718　　　　　　（b）Inconel 738

图 4-36　镍基合金的 da/dt-K 的关系曲线

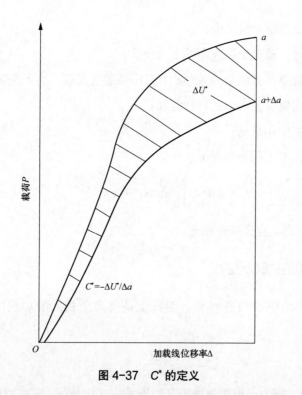

图 4-37　C^* 的定义

　　图 4-38 示出了用多试样测定 C^* 的方法。原始试验数据包括每根试样的载荷、施力点位移、裂纹随时间的变化。第一步，对不同裂纹长度的试样加载，画出载荷－位移速度曲线，曲线下的面积就是作用在试样上的能量率 U^*；第二步，画出每根试样裂纹长度－能量率 U^* 曲线，该曲线的斜率即为 C^* 值；画出 da/dt-C^* 曲线。

210

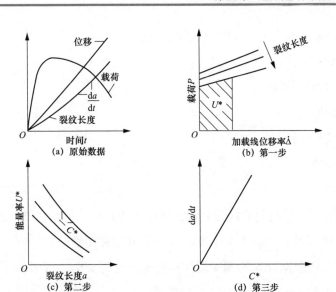

图 4-38　用多试样测定 C^* 示意图

依据式（4-59）采用最小二乘法对试验数据进行拟合，则

$$\mathrm{d}a/\mathrm{d}t = C(C^*)^q \tag{4-59}$$

式中　C、q——试验获得的材料常数，式（4-59）适用于稳态蠕变条件下裂纹的扩展，

是描述蠕变裂纹扩展最常用的公式。

图 4-39 示出了 1Cr-0.5Mo 钢不同温度下的 $\mathrm{d}a/\mathrm{d}t$-C^* 曲线。

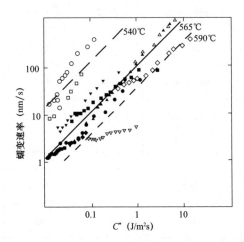

图 4-39　1Cr-0.5Mo 钢不同温度下的 $\mathrm{d}a/\mathrm{d}t$-C^* 曲线

文献［9］介绍了常用的紧凑拉伸（CT）和三点弯曲（TPB）试样的 C^* 表达式，即

CT 试样
$$C^* = \left[\frac{n}{n+1}\right]\left[\frac{2.3P(\mathrm{d}\Delta/\mathrm{d}t)}{BW(1-a/W)}\right] \tag{4-60}$$

TPB 试样
$$C^* = \frac{2Pn(\mathrm{d}\Delta/\mathrm{d}t)}{B(n+1)(W-a)} \tag{4-61}$$

式中　n ——Norton 方程中［式（2-11）］的指数；

　　　P ——载荷；

　　　Δ ——施力点的位移；

　　　B ——试样厚度；

　　　a ——裂纹长度；

　　　W ——试样宽度；

　　　t ——时间。

如果没有试验测定的材料的蠕变裂纹扩展速率 da/dt-C^* 关系，BS 7910《金属结构缺陷评定导则》中推荐可采用表 4-9 中所示的一些电站常用钢的 C、q 值进行计算。根据表 4-9 中列出的上限数据计算的蠕变裂纹扩展寿命更为安全。若部件壁厚超过 100mm，其蠕变裂纹扩展速率 da/dt 要快于表 4-9 中的值。

表 4-9　　　　　　　　　　　　电站常用钢的 C、q 值

材料	温度（℃）	上限		平均值	
		C	q	C	q
普通碳钢	482～538	0.015	1.00	0.006	1.0
½Cr Mo V- 锻件、铸件	500～600	0.24	0.80	0.024	0.80
½Cr Mo V-HAZ 粗晶区	565	1.2	0.80	0.4	0.80
1Cr Mo	450～600	0.06	0.84	0.018	0.84
2¼ Cr 1 Mo 焊缝	540～565	0.139	0.674	0.027	0.674
AISI 304 和 304H	650～760	0.035	1.00	0.007	1.00
AISI 304（运行过材料）	760	0.28	0.85	0.14	0.85
Inconel 800H	800	0.16	0.9	0.05	0.9
改良的 9Cr 钢	580～593	0.05	0.65	0.024	0.7
2¼Crl Mo	550～600	0.024	0.8	0.012	0.83
1Cr Mo V	538～594	0.084	0.75	0.02	0.79

注　表中的数据为裂纹沿部件厚度方向的扩展速率参数；da/dt 的量纲为 mm/h，C^* 的量纲为 N（mm/h）。

二、部件或结构 C^* 的计算

类似不同几何形状含缺陷结构的应力强度因子，不同几何形状含缺陷结构也有相应的 C^*。国内外研究者进行了大量不同几何形状含缺陷结构 C^* 的分析计算。文献 [9] 介绍了 C^* 的通用计算式

$$C^* = aA\sigma_{\text{net}}^{n+1} g_1 \left(\frac{a}{W}, n\right) \tag{4-62}$$

式中　　a——裂纹深度或长度；

　　　　W——试样宽度；

　　A、n——第一章中 Norton 方程中（式 2-11）的系数、指数；

　　　σ_{net}——静截面应力；

　　　g_1——a/W 与 n 的函数。

对不同型式的试样或结构，可用有限元计算 g_1 函数。对紧凑拉伸（CT）试样，ASTM 给出了式（4-63），即

$$g_1 = \frac{h_1[W/(a-1)]}{(1.455\eta)^{n+1}} \tag{4-63}$$

h_1 函数可由表格型式给出，η 是无量纲参数，可采用有限元法、滑移线法或量纲分析法求出。根据已知的 a、n、A、σ_{net} 和 g_1，对具体的试样或结构型式，可给出具体的 C^* 分析。

除了用 K、C^* 描述蠕变裂纹扩展速率之外，有时也采用净截面应力描述蠕变裂纹的扩展，在此不予赘述。

三、部件蠕变裂纹扩展寿命的估算

首先，根据部件的服役温度，由试验获得部件材料的蠕变裂纹扩展速率，或查阅有关资料获取。其次，根据部件材料的蠕变特性、裂纹部位及尺寸、裂纹部位的应力状态，计算稳态蠕变裂纹尖端断裂参量 C^*。由此即可计算初始裂纹 a 扩展到临界裂纹 a_c 的时间。对计算的裂纹扩展寿命（时间）再除以安全系数，即为部件蠕变裂纹扩展寿命。

关于火力发电厂高温蒸汽管道的缺陷评定和蠕变裂纹扩展寿命计算，可按照 DL/T 2467—2021《含缺陷高温高压管道结构完整性评估导则》或 BS 7910《金属结构缺陷评定导则》进行。

第八节　含缺陷部件的断裂力学评定案例

一、含缺陷转子的断裂力学评定

某电厂一台 50MW 汽轮机 1986 年投运，自动主汽门前压力 / 温度为 9.0MPa/ 535℃，额定和超速试验转速分别为 3000r/min 和 3360r/min。高压转子材料为 30Cr2MoV，屈服强度和抗拉强度分别为 523.3MPa 和 705.6MPa。2000 年转子中心孔超声波探伤发现距低压端轴向 750 ～ 970mm、角度 15°～ 35° 范围内存在着 11 个当量直径在 ϕ2 ～ ϕ4.2 的缺陷，缺陷距转子中心孔表面 12 ～ 47mm。所查缺陷中有的超标，对缺陷进行断裂力学评估。

（一）缺陷的规则化和表征

缺陷的超声波检测结果见表 4-10，图 4-40 示出了较大缺陷的位置和相邻尺寸。对测得的当量缺陷面积扩大 2.25 倍，由此获得缺陷的计算当量裂纹尺寸。对缺陷的复合、规则化和表征参照 GB/T 19624 执行。

表 4-10　　　　　　　　　　转子缺陷的规则化与表征

缺陷号	距低压端距离（mm）	距中心孔表面深度（mm）	角度（°）	检测当量尺寸（mm）	计算当量尺寸（mm）	缺陷合并后的当量尺寸（mm）
1 号	750	32.85	65	ϕ2.3	ϕ3.45	
2 号	750	18.48	35	ϕ2.0	ϕ3.00	
3 号	800	19.16	35	ϕ2.0	ϕ3.00	
4 号	820	20.00	15	ϕ2.0	ϕ3.00	
5 号	840	26.69	35	ϕ2.5	ϕ3.75	ϕ10.1
6 号	840	20.00	35	ϕ2.0	ϕ3.00	
7 号	860	12.32	35	ϕ3.0	ϕ4.50	ϕ4.5
8 号	870	14.00	15	ϕ2.8	ϕ4.20	
9 号	900	21.00	15	ϕ2.0	ϕ3.00	
10 号	970	46.50	25	ϕ4.2	ϕ6.30	ϕ18.4
11 号	970	33.00	30	ϕ2.3	ϕ3.45	

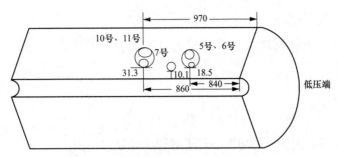

图 4-40　转子低压端缺陷的位置和尺寸

由表 4-10 可见，10、11 号缺陷的当量尺寸最大，其次为 5、6 号缺陷，7 号缺陷距中心孔表面最近，且检测当量尺寸仅次于 10 号缺陷，从直观上分析这 3 个缺陷较为严重。

（二）缺陷部位的应力分析

1. 由离心力引起的切向应力 σ_t 和径向应力 σ_j

$$\sigma_t = \frac{(3+\mu)\gamma\omega^2}{8g}\left[R_w^2 + R_n^2 + \frac{R_n^2 R_w^2}{R^2} - \frac{1+3\mu}{3+\mu}R^2\right] \tag{4-64}$$

$$\sigma_j = \frac{(3+\mu)\gamma\omega^2}{8g}\left[R_w^2 + R_n^2 - \frac{R_n^2 R_w^2}{R^2} - R^2\right] \tag{4-65}$$

式中　　μ ——材料的泊松比，取 0.3；

　　　　γ ——材料密度，7.85g/cm³；

　　　　ω ——转子的角速度，由 3000r/min 和 3360r/min 换算；

　　　　g ——重力加速度，9.80m/s²；

　　　　R_w ——缺陷处转子外半径，162.5m；

　　　　R_n ——缺陷处中心孔半径，61.5mm；

　　　　R ——缺陷在转子径向的位置。

在机组正常运行和超速试验条件下，将有关数据代入式（4-64）和式（4-65），得到转子缺陷处的切向应力、径向应力，见表 4-11。

表 4-11　　　　　　　　　　转子缺陷处的 σ_t、σ_j 和 τ

缺陷号	5、6	7	10、11	5、6	7	10、11	5、6	7	10、11
应力类别	σ_t（MPa）			σ_j（MPa）			τ（MPa）		
正常运行	13.5	14.9	11.8	2.6	1.8	3.29	13.4	11.3	16.5
超速试验	16.5	18.7	14.8	3.3	2.2	4.0	16.5	11.3	16.5
发电机短路	13.5	14.9	11.8	2.6	1.8	3.2	938	79.1	115.5

2. 扭矩引起的剪应力 τ

（1）额定功率下的剪应力。转子缺陷处由于扭矩产生的剪应力按式（4–66）计算，即

$$\tau = \frac{M}{W_P} \qquad\qquad (4\text{–}66)$$

式中 M ——扭矩，由机组的功率和转子的转速确定；

W_p ——缺陷处的抗扭截面模量。

将有关数据代入式（4–66），可得转子缺陷处的剪应力（见表 4–11）。

（2）发电机短路时的剪应力。当发电机短路时，转子扭矩突然增加，取发电机短路时转子低压端的扭矩为额定功率扭矩的 7 倍，由此计算的转子缺陷处的剪应力也在表 4–11 中给出。

3. 弯曲正应力

由于 5 号与 6 号复合缺陷、10 号与 11 号复合缺陷及 7 号缺陷均处于低压端轴承部位，故弯曲正应力忽略不计。

4. 残余应力

根据转子制造资料，汽轮机转子热处理后的残余应力不应超过 50MPa，偏于安全的估算，假设残余切向应力 σ_{tr}、径向应力 σ_{jr} 和轴向应力 σ_{zr} 各为 50MPa。

5. 热应力

由于缺陷处于转子低压端 750 ～ 970mm 区段内（见图 4–40），温度较低，故不考虑温度应力的作用。

（三）缺陷处的应变能密度和 K_{I}

将三维尺寸的体积性缺陷简化为如图 4–40 所示的面缺陷，于是，由离心力引起的切向应力 σ_t 垂直于裂纹面，使裂纹呈张开型破坏（Ⅰ型），由离心力引起的径向应力 σ_j 使裂纹呈滑开型破坏（Ⅱ型），由扭转引起的剪应力 τ 使裂纹面撕开（Ⅲ型），计算 K_{I}、K_{II} 与 K_{III}。

1. 计算 K_{I}、K_{II} 与 K_{III}

（1）K_{I}。对于如图 4–40 所示的圆片状裂纹，切向应力 σ_t 垂直于裂纹面引起Ⅰ型开裂，其应力强度因子为

$$K_{\text{I}} = \sigma\sqrt{\pi a} \qquad\qquad (4\text{–}67)$$

式中 σ ——由离心力引起的切向应力 σ_t 和切向残余应力 σ_{tr} 之和；

a ——裂纹半长，为圆片状裂纹半径，mm。

（2）K_{II}。由于径向应力相对于切向应力和剪应力很小，故不考虑其效应，$K_{\mathrm{II}} \approx 0$。

（3）K_{III}。在扭矩作用下，转子缺陷处的Ⅲ型应力强度因子为

$$K_{\mathrm{III}} = \tau \sqrt{\pi a} \tag{4-68}$$

式中　τ——由扭矩引起的剪应力，MPa；

　　　a——裂纹半长，为圆片状裂纹半径，mm。

将不同工况下的应力代入式（4-67）和式（4-68），即可获得转子缺陷处的应力强度因子。

2. 缺陷处的应变能密度和 K_{I}

按式（4-15）～式（4-19）计算应变能密度 S，再由式（4-20）计算应力强度因子 K_{I}，表4-12示出了计算结果。

表 4-12　　　　　　　　转子缺陷处的应力强度因子 K_{I}

工况	缺陷号	K_{I}	K_{III}	a_{11}	a_{33}	S	K_{I}
		（N/mm$^{3/2}$）		（×10^{-7}）		（N/mm）	（N/mm$^{3/2}$）
正常运行	5、6	252.8	53.2	3.97887	9.94718	0.028244	266.4
	7	172.6	30.0	3.97887	9.94718	0.012749	179.0
	10、11	332.1	88.7	3.97887	9.94718	0.051692	360.4
超速试验	5、6	264.9		3.97887	9.94718	0.028005	264.9
	7	182.7		3.97887	9.94718	0.013281	182.7
	10、11	348.2		3.97887	9.94718	0.048241	348.2
发电机短路	5、6	252.8	372.4	3.97887	9.94718	0.163249	640.9
	7	172.6	210.3	3.97887	9.94718	0.055720	374.2
	10、11	332.1	620.9	3.97887	9.94718	0.426500	1040.0

（四）断裂韧度及安全性评定

1. 材料的断裂韧度

查表4-3，30Cr2MoV 钢的最低断裂韧度为 127.1MPa$\sqrt{\mathrm{m}}$，换算成 K_{IC}=4016.7 N/mm$^{3/2}$。

2. 安全性评定

表4-13示出了机组各种工况下转子不同缺陷处的应力强度因子 K_{I} 和断裂韧度值 K_{IC} 的比较。由表4-13可见：最危险的工况是发电机短路，最危险的缺陷是由 10 号与 11 号两缺陷复合后的缺陷。此时最小安全系数为 3.8，满足 $K_{\mathrm{I}} < 0.6 K_{\mathrm{IC}}$。故现存的缺陷不会引起失稳断裂，需计算疲劳裂纹扩展寿命。

1998 年与 2000 年先后对缺陷进行了检测，未见明显变化，表明缺陷处的应力强度 ΔK 处于应力强度门槛值以下。

表 4-13 转子缺陷的安全性评定

缺陷号	5、6	7	10、11	5、6	7	10、11	5、6	7	10、11
运行工况	正常运行			超速试验			发电机短路		
K_{I}（N/mm³ᐟ²）	266	179	360	265	183	348	641	374	1040
$K_{\mathrm{IC}}/K_{\mathrm{I}}$	15.1	22.4	11.0	15.1	22.0	11.5	6.2	11.5	3.8

二、含缺陷锅筒的断裂力学评定

某电厂一台 220t 锅炉，1998 年 7 月投运至 2004 年 5 月累计运行 35200h。2004 年 6 月检查发现锅筒 C 环焊缝存在周向超标缺陷，长度为 80mm，壁厚方向为 16mm，缺陷边缘距筒体外表面 10mm。锅筒外直径为 1800mm，壁厚为 100mm（测量最小壁厚为 99.0mm），有 4 个主下水管（见图 4-41）。锅筒工作压力 / 温度为 11.28MPa/321℃，水压试验压力 / 温度为 16.92MPa/30℃。筒体材料为 19Mn6，锅筒整体焊接完成后在 560℃ 下进行整体回火。依据 GB/T 19624《在用含缺陷压力容器安全评定》，对缺陷进行简化评定。

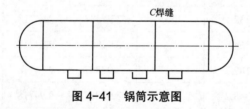

图 4-41 锅筒示意图

（一）环焊缝缺陷的当量裂纹尺寸 $\bar{a}$

环焊缝处缺陷规则化为椭圆形埋藏裂纹，其当量裂纹尺寸 $\bar{a}$ 由式（4-69）计算，即

$$\bar{a} = \Omega a \tag{4-69}$$

$$\Omega = \frac{\left(1.01 - 0.37\dfrac{a}{c}\right)^2}{\left\{1 - \left(\dfrac{2a/B}{1-2e/B}\right)^{1.8}\left[1 - 0.4\dfrac{a}{c} - \left(\dfrac{e}{B}\right)^2\right]\right\}^{1.08}}$$

$$e = B/2 - (a + P_1)$$

式中 a ——缺陷自身高度之半，8mm；

$\quad c$ ——缺陷长度之半，40mm；

$\quad B$ ——缺陷处锅筒壁厚，99.0mm；

$\quad P_1$ ——缺陷边缘距锅筒外壁的距离，10mm。

由式（4-69）计算的 $\bar{a}$ =8.8mm。

（二）锅筒的运行工况

根据该台锅炉的运行规程，锅炉冷态启动中温升速率不大于 2℃/min，考虑锅炉启动中锅筒温升瞬态的不稳定性，偏安全考虑，计算中温升速率按 2.5℃/min 考虑。根据锅炉的启停时间按式（3-30）计算的启动、停炉时锅筒内外壁温差 ΔT 分别为 16.0℃和 18.4℃。

锅炉在启动和停炉过程中，锅筒上、下壁温差不超过 50℃。在计算谷值应力时，ΔT 取 50℃；计算峰值应力时，ΔT 取 10℃。

（三）缺陷部位的应力、应变分析

筒体焊缝缺陷部位所受应力主要有内压应力、内外壁和上下壁温差引起的热应力及焊接残余应力。由一次应力分解得到的 σ_m、σ_B 分别为 p_m（一次薄膜应力）、p_b（一次弯曲应力）；由二次应力分解得到的 σ_m、σ_B 分别为 Q_m（二次薄膜应力）、Q_b（二次弯曲应力）。锅筒的内压应力为一次应力，热应力和焊接残余应力为二次应力。

1. 内压应力

对于沿厚度直线分布，应根据保证在整个缺陷长（或深）度范围内各处的线性化应力值不低于实际应力值的原则，确定沿缺陷部位截面的线性分布应力，可按式（4-70）分解为薄膜应力分量 σ_m 和弯曲应力分量 σ_b

$$\begin{cases} \sigma_m = (\sigma_1 + \sigma_2)/2 \\ \sigma_B = (\sigma_1 - \sigma_2)/2 \end{cases} \quad (4-70)$$

式中 σ_1——内压引起的环向应力；

σ_2——内压引起的轴向应力。

（1）根据锅筒运行压力和几何尺寸，锅筒正常运行工况下：

环向应力 σ_1=95.88MPa，轴向应力 σ_2=47.94Ma，σ_m=71.9MPa，σ_B=24.0MPa。

（2）水压试验工况下：

环向应力 σ_1=143.8MPa，轴向应力 σ_2=71.9MPa，σ_m=107.9MPa，σ_B=36.0MPa。

根据 GB/T 19624—2019 中表 5-1，对计算的一次应力 σ_m、σ_B 取安全系数 1.2。

（3）锅筒正常运行工况下：

σ_m=86.3MPa，σ_B=28.8MPa。

（4）水压试验工况下：

σ_m=129.5MPa，σ_B=43.2MPa。

2. 焊缝残余应力

DL/T 734《火力发电厂锅炉汽包焊接修复技术导则》中规定"修复区热处理后的

残余应力值一般不超过 100MPa，个别点不超过 140MPa"。作者曾对一台 SA299 钢制锅筒（壁厚 203mm）焊缝经 2 次挖补后测定残余应力，纵焊缝最大主应力为 114MPa，环焊缝最大主应力为 118MPa。计算中环焊缝处焊接残余应力取 120MPa。其 Q_m=-120MPa，Q_b=240MPa。

3. 锅炉启停炉过程中锅筒的热应力

锅筒内外壁温差引起的热应力主要是轴向和环向应力，且两者应力水平相近。锅筒上、下壁温差引起的热应力主要是轴向弯曲应力，环向和径向热应力相对于轴向弯曲应力约低一个数量级，故忽略不计。锅筒径向温差、周向温差引起的热应力参照式（3-36）、式（3-38）计算，19Mn6 钢的物性参数与 19Mn5 相同（见表 3-28）。对不同资料获得的物性参数，偏于安全考虑，选取可获得最大应力的数值。考虑焊缝部位应力集中系数 1.1，按式（3-36）、式（3-38）计算的内外壁温差、周向温差引起的热应力分别为 48.0MPa 和 56.3MPa。

4. 简化评定的总当量应力

内压应力为一次应力，热应力和缝残余应力为二次应力。焊缝部位的总应力 σ_Σ 按式（4-71）计算，即

$$\sigma_\Sigma = \sigma_{\Sigma 1} + \sigma_{\Sigma 2} + \sigma_{\Sigma 3} \tag{4-71}$$

$$\sigma_{\Sigma 1} = K_t p_m; \quad \sigma_{\Sigma 2} = X_b p_b; \quad \sigma_{\Sigma 3} = X_r Q$$

式中　K_t——由焊缝形状引起的应力集中系数；

　　　X_b——弯曲应力折合系数；

　　　X_r——焊接残余应力折合系数；

　　　Q——被评定缺陷部位热应力最大值与焊接残余应力之代数和。

根据 GB/T 19624—2019 中表 5-6，K_t 取 1.5；根据 GB/T 19624—2019 中表 5-7，X_b 取 0.25，X_r 取 0.2。

焊缝部位计算的应力见表 4-14。

表 4-14　　　　　　　　　焊缝部位计算应力（MPa）

项目	内压应力		焊缝残余应力		热应力	$\sigma_{\Sigma 1}=K_t P_m$	$\sigma_{\Sigma 2}=X_b P_b$	$\sigma_{\Sigma 3}=X_r Q$	σ_Σ
	P_m	P_b	Q_m	Q_b	Q_b				
正常工况	86.3	28.8	−120	240	56.3	129.4	7.2	59.3	195.9
水压试验	129.5	43.2	—	—	—	194.2	10.8	48	253.0

（四）允许当量裂纹尺寸 $\bar{a}_c$ 计算

计算的总应力低于材料屈服强度，按式（4–72）计算 $\bar{a}_c$，则

$$\bar{a}_c = \frac{E\delta_c}{2\pi\sigma_y \left(\sigma_\Sigma/\sigma_y\right)^2 M_g^2} \qquad (4\text{–}72)$$

$$M_g^2 = 1 + 0.32\bar{a}^2/RB$$

式中　R ——筒体半径（900mm）；

　　　B ——壁厚（99.0mm）。

其他有关参数在表 4–14、表 4–15 中示出。

表 4–15　　　　　　　　　　　　　　　$\bar{a}_c$ 计算结果

工况	总应力 σ_Σ	弹性模量 E	屈服强度 σ_y	断裂韧度 δ_c	鼓胀效应系数 M_g^2	$\bar{a}_c$
正常工况	195.9	183000	202	0.1045	1.001	16.0
水压试验	253.0	205000	315	0.1045		16.8

注　δ_c 取表 4–5 中 19Mn5 电渣焊缝最小值，按 GB/T 19624—2019 中表 5–1 除 1.1。表 4–5 中的 δ_c 为室温试验值，随着温度的升高 δ_c 增大，偏于安全考虑，正常运行工况下也取室温下的 δ_c。

（五）S_r 的计算

S_r 按式（4–73）计算，最危险是水压试验工况，则

$$S_r = \frac{L_r}{L_r^{max}} \qquad (4\text{–}73)$$

式中　L_r ——载荷比，指引起一次应力的施加载荷与塑性屈服极限载荷的比值，表示载荷接近材料塑性屈服极限载荷的程度；

　　　L_r^{max} ——L_r 的容许极限，取 1.2 和 $(\sigma_y+\sigma_b)/(2\sigma_y)$ 两者中的较小值。

$$L_r = \frac{(3\zeta P_m + P_b) + \sqrt{(3\zeta P_m + P_b)^2 + 9\left[(1-\zeta)^2 + 4\zeta\gamma\right]P_m^2}}{3\left[(1-\zeta)^2 + 4\zeta\gamma\right]\sigma_y}$$

$$\zeta = \frac{2ac}{B(c+B)} \qquad (4\text{–}74)$$

$$\gamma = \frac{p_1}{B}$$

式中　p_m ——次薄膜应力，MPa；

　　　p_b ——次弯曲应力，MPa；

　　　p_1 ——缺陷尖端距锅筒表面最近处距离，10mm。

L_r 和 S_r 的计算结果见表 4–16。

表 4-16 载荷比 L_r 的计算结果

工况	a（mm）	c（mm）	P_f（mm）	B（mm）	γ	ζ	L_r	L_r^{max}	S_r
水压试验	8	40	10	99.0	0.101	0.04651	0.36	1.20	0.3

（六）安全性评定

$$\bar{a}（8.8mm）<\bar{a}_c（16.0mm）$$

且

$$S_r（0.30）< 0.8$$

当量裂纹尺寸的最小安全系数为 $n_a=\bar{a}_c/\bar{a}=2.0$。

（七）环焊缝超标缺陷的疲劳扩展寿命估算

1. 缺陷处的有效应力强度因子范围 ΔK_e

对于埋藏型缺陷，缺陷处的有效应力强度因子 K_I 按式（4-11）计算，鼓胀效应系数 M 按式（4-13）中圆筒容器环向裂纹公式计算，即

$$\Delta K_e = K_{I\ max}-K_{I\ min}=\Delta\sigma_z M\sqrt{\pi a} \qquad （4-75）$$

式中 $\Delta\sigma_z$ ——总交变轴向应力，残余应力为静态应力不予考虑；

a ——裂纹半高，8mm。将有关数据代入式（4-75）中，得

正常工况下：$\Delta K = 492.0$（N/mm$^{3/2}$）=15.568MPa$\sqrt{m}$。

水压试验工况下：$\Delta K = 401.2$（N/mm$^{3/2}$）=12.695MPa$\sqrt{m}$。

2. 缺陷疲劳扩展临界裂纹尺寸 a_c 的确定

C 环焊缝中的缺陷长度 $2c$ 为 80mm，自身高度 $2a$ 为 16mm。当该缺陷沿汽包壁厚方向向内外表面各扩展 4mm 时，此时该缺陷的自身高度 $2a$ 为 24mm，临界裂纹尺寸 $\bar{a}_c$ 为 16.0mm。

3. 缺陷疲劳扩展寿命估算

裂纹的疲劳扩展寿命由下式给出，即

$$N_f=\frac{a_0(a_c-a_0)}{K(\Delta K)^m a_c} \qquad （4-76）$$

式中 a_0、a_c ——裂纹自身高度的半高，$a_0 = 8$mm，$a_c = 12.0$mm。

参照表 4-8 中 19Mn5 钢电渣焊缝材料室温下的疲劳裂纹扩展速率，$K = 1.55\times10^{-8}$，$m =3.41$。正常工况下的 ΔK 大于水压工况的 ΔK，故按正常工况计算疲劳裂纹扩展寿命，将有关数据代入式（4-76），得 $N=14794$（周）。

注意：表 4-8 中的疲劳裂纹扩展速率中 ΔK_e 的量纲是 MPa$\sqrt{m}$，计算时要对计算的 ΔK（N/mm$^{3/2}$）进行换算。由于材料的疲劳裂纹扩展速率数据是小试样高周疲劳试验的

结果，而锅筒运行时承受的是低循环疲劳载荷。此外，考虑试验数据的分散性，参照美国 ASME《锅炉和压力容器规范　第Ⅷ卷　第 3 册》，对计算的 N 取 1/20 倍的系数，则该锅筒 C 环焊缝缺陷的有效疲劳扩展寿命为 739 周，由式（4-76）计算的缺陷疲劳扩展周次相应于锅炉的启停次数和水压试验次数之和。

参考文献

［1］Griffith. A. A, The phenomena of rupture and flow in solids, Phil. Trans. Roy. Soc. of London, A. 221（1921）.

［2］吴清可 . 防断裂设计 . 北京：机械工业出版社，1991.

［3］中国航空研究院 . 应力强度因子手册 . 北京：科学出版社，1981.

［4］Irwin, G. R Plastic zone near a crack tip and fracture toughness, Proc. 7th Sagamore Conf. Ⅳ 1960.

［5］陆毅忠 . 工程断裂力学 . 西安：西安交通大学出版社，1986.

［6］龚斌 . 压力容器破裂的防治，杭州：浙江科学技术出版社，1985.

［7］Rice. J. R. A path independent integral and approximate analysis of strain concentrations by nothes and cracks, J. Appl. Mech. 1968, 379-386.

［8］崔振源 . 断裂韧性测试原理和方法 . 上海：上海科学技术出版社，1981.

［9］R. Viswanathan, Damage mechanisms and life assessment of high-temperature components, ASM International Metals Park, Ohio May 1993.

［10］王思玉 . 平面应变断裂韧性与冲击韧性的关系 . 上海汽轮机，1990（4）：65-68.

［11］T. P. Sherlock, Evalution of Forging Containing Flaws, Westinghouse Research Report, June 25, 1975.

［12］I. C. Radon, Fatigue Growth of Surface Cracks in Steel Weldments, 英国帝国理工学院 Radon 博士来华讲学资料，1985（9）.

［13］李益民，王金瑞 . 19Mn5 钢及其焊缝材料腐蚀疲劳裂纹扩展特性研究，热力发电，1993（1）：18-23.